De repartir y partir se trata

La división de números naturales en la Escuela Primaria

Adriana González

González, Adriana
 De repartir y partir se trata: La división de números naturales en la Escuela Primaria.
 - 1a ed. - Rosario: Homo Sapiens Ediciones, 2015.
 104 p. 20x14 cm. - (Haciendo matemática / Adriana González)

 1. Matemática.Enseñanza.
 CDD 372.7

Colección: **Haciendo Matemática**
Dirigida por Adriana González

© 2015 • **Homo Sapiens Ediciones**
Sarmiento 825 (S2000CMM) Rosario | Santa Fe | Argentina
Telefax: 54 341 4406892 | 4253852
E-mail: editorial@homosapiens.com.ar
Página web: www.homosapiens.com.ar

Queda hecho el depósito que establece la ley 11.723
Prohibida su reproducción total o parcial

Diseño editorial: María Victoria Pérez

Este libro se terminó de imprimir en febrero de 2015
en **Talleres Gráficos Fervil S.R.L.** | Santa Fe 3316 | Tel. 0341 4372505
Email: fervilsrl@arnetbiz.com.ar | 2000 Rosario | Santa Fe | Argentina

ÍNDICE

Introducción 5

Capítulo 1
Enfoque del área de matemática 07

✓ Modelo apropiativo 07
✓ La clase de matemática y el enfoque
de la *resolución de problemas* 08

Capítulo 2
La división de números naturales 23

✓ ¿Qué significa "saber dividir"? 23
✓ ¿Es posible comenzar a abordar
la división desde 1° año? 26
✓ La división, la suma y la resta 29
✓ Propuestas para trabajar desde 1° año 33

Capítulo 3
Los sentidos de la división 37

✓ Situaciones relacionadas con el reparto
y la partición 37

- ✓ Situaciones relacionadas con las series proporcionales y las organizaciones rectangulares 45
- ✓ Situaciones relacionadas con el resto 52
- ✓ Situaciones de iteración 56

Capítulo 4
Las propiedades de la división de números naturales 61

- ✓ Propiedad fundamental de la división 61
- ✓ Propiedades de la división exacta 67
- ✓ Propiedades de la división entera 68
- ✓ Propiedad conmutativa 69
- ✓ La división y los números cero y uno 69
- ✓ Propiedad distributiva 70
- ✓ Descomposición multiplicativa 70

Capítulo 5
Los cálculos de dividir 74

- ✓ Cálculo mental 75
- ✓ Cálculo estimativo 83
- ✓ Cálculo mecanizado 87
- ✓ Cálculo algorítmico 90

Bibliografía 97

Introducción

Enseñar es una tarea compleja en la que intervienen variados factores y que exige al docente una constante toma de decisiones.

Los alumnos aprenden matemática a partir de lo que "hacen", de los problemas que resuelven, de las reflexiones a las que llegan, por lo tanto el docente tiene un rol fundamental a la hora de armar, seleccionar y complejizar las secuencias de enseñanza que les propone.

De ahí que el gran desafío del docente es promover prácticas que aseguren aprendizajes significativos en un clima que favorezca la producción y el intercambio.

En este libro centraremos nuestra reflexión en torno a la división de números naturales, tema controvertido, dado que encierra incertidumbre en los docentes y en los alumnos, producto tanto de la historia de su enseñanza como del concepto en sí mismo. Es común escuchar comentarios como los siguientes: *"lo más difícil es enseñar el algoritmo"*, *"los chicos no lo entienden"*, *"no comprenden lo que hacen al resolver una división"*, *"hoy aprenden a dividir y mañana se olvidan"*...

La división, al igual que las otras operaciones, no es un contenido del Primer Ciclo sino que su tratamiento se realiza a lo largo de la escuela primaria con diferentes niveles de complejidad.

El propósito de este libro es acompañar al docente en su labor diaria presentando propuestas que sean realizables, que funcionen, que sean una oportunidad de apropiación del conocimiento, que contribuyan para que "hacer matemática" sea una realidad de las aulas.

En el *Capítulo 1* comenzamos reflexionando acerca de las particularidades del Modelo Apropiativo para luego analizar algunas de las *decisiones didácticas* que el docente deberá tener en cuenta a la hora de plantear problemas que se encuadren dentro del enfoque de la Resolución de Problemas.

En el *Capítulo 2* reflexionamos acerca de los alcances del significado de "saber dividir" para luego diferenciar a la división de la suma y de la resta. Por último reflexionamos en torno a la posibilidad de abordar desde 1° año situaciones de división con el objetivo de ampliar el abanico de las situaciones de suma y resta.

El *Capítulo 3* está destinado a la reflexión respecto de los sentidos de la división de números naturales, a saber: series proporcionales, organizaciones rectangulares, reparto, partición, relacionadas con el resto y de iteración. En cada caso se presentan situaciones posibles de ser abordadas con los alumnos de la Escuela Primaria.

El *Capítulo 4* encara la reflexión en torno a las propiedades de la división de números naturales. Se diferencia entre las que se corresponden con la división entera y la división exacta y con ambos tipos de división. Se parte de considerar que su estudio debe comenzar en la expresión verbal y numérica de las regularidades descubiertas y de la aplicación de lo descubierto a la resolución de diferentes problemas.

Por último, en el *Capítulo 5* nos centramos en los cálculos de dividir analizando el cálculo mental, el estimativo, el mecanizado y el algorítmico.

Capítulo 1
Enfoque del área de matemática

Hoy en día nadie discute acerca de la importancia que tiene el aprendizaje matemático dentro de la formación de los alumnos. La matemática es un bien social, patrimonio de la Humanidad que merece ser transmitido, conservado y ampliado.

Los primeros contactos de los niños con la matemática les deben permitir acercarse al quehacer propio de la disciplina.

La apropiación que el niño hace de los contenidos matemáticos depende tanto de la selección de problemas que el docente realiza como de la variedad de contextos en que se presenta un mismo concepto.

Modelo Apropiativo

El *aprendizaje matemático* siempre apareció relacionado a la capacidad de resolver problemas. A lo largo de la historia ha pasado por diferentes modelos de enseñanza, hoy se lo sitúa adentro del *modelo apropiativo, constuctivista, centrado en la construcción del saber por parte del alumno.*

En este modelo el *docente* propone y organiza situaciones con distinto nivel de dificultad, mientras que el *alumno* ensaya, busca, propone soluciones, las confronta con las de sus compañeros, las define, las discute. El *saber* es considerado en su propia lógica. Los tres elementos *docente – alumno – saber* interactúan dinámicamente.

El *problema* se constituye en el *centro de los procesos de aprendizaje y de enseñanza*, porque a partir de él podemos:
- ✓ *Diagnosticar*: plantear problemas que permitan conocer el estado inicial de los conocimientos de los alumnos.
- ✓ *Enseñar*: partiendo de los saberes detectados, el docente plantea problemas que permiten, a los alumnos, reorganizar, resignificar, ampliar, sistematizar sus conocimientos en nuevas construcciones.
- ✓ *Evaluar*: a partir de problemas similares a los trabajados el docente evalúa el nivel de logros alcanzados.

La relación triangular que se da dentro del modelo puede ser esquematizada de la siguiente forma:

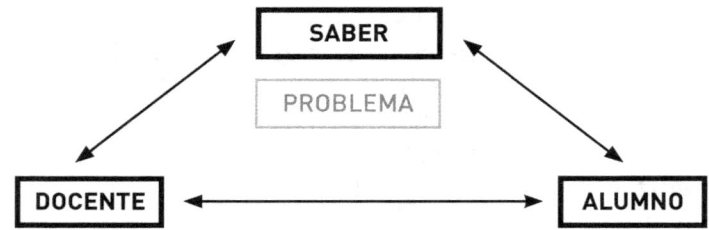

La clase de matemática y el enfoque de la Resolución de Problemas

En nuestra propuesta privilegiamos la construcción de saberes por parte del alumno. El alumno, resolviendo y planteando problemas, en interacción con el docente que guía, con el saber y sus pares, se apropia de los contenidos que intencionalmente se enseñan.

El docente debe propiciar formas de enseñar que hagan que los conocimientos matemáticos se carguen de sentido haciendo que sus prácticas estén relacionadas con los diferentes contextos del concepto a construir.

Por lo tanto, para el docente, uno de sus desafíos es llevar adelante una enseñanza que permita aprender matemática haciendo matemática; es decir, lograr que todos los alumnos sean protagonistas del quehacer matemático en el aula, que sean actores de su saber, posibilitando que los conocimientos adquieran sentido para ellos.

Propiciar un trabajo basado en los modos de hacer y pensar propios de la matemática permite concebirla como un producto social, histórico y en permanente transformación.

Algunas de las *decisiones didácticas* que el docente deberá tener en cuenta a la hora de plantear problemas, propuestas, secuencias, etc., que se encuadran dentro de este enfoque de enseñanza son:
- ✓ Plantear problemas.
- ✓ Proponer un trabajo exploratorio.
- ✓ Aceptar el error.
- ✓ Propiciar la producción y generalización de conjeturas.
- ✓ Favorecer la reorganización y establecimiento de relaciones entre conceptos.
- ✓ Enseñar a estudiar.
- ✓ Organizar secuencias didácticas.
- ✓ Pensar en la organización grupal.
- ✓ Tener en cuenta los momentos del trabajo matemático.
- ✓ Evaluar los logros alcanzados.

Plantear problemas

Dentro de este enfoque el *problema* implica un obstáculo cognitivo que permite, a los alumnos, enfrentar el desafío de resolver algo a partir de los conocimientos que disponen y a su vez les demanda la producción de ciertas relaciones para llegar a una solución posible —que puede ser incompleta o incorrecta— favoreciendo de esta forma los procesos constructivos.

La escuela, a partir de los conocimientos intuitivos y extraescolares, debe permitir a los alumnos establecer interacciones que los lleven a reelaborar sus saberes hacia nuevos conocimientos.

Para que los problemas se constituyan en un motor de producción de conocimientos será necesario que los alumnos puedan reorganizar sus estrategias de resolución, pensar nuevas estrategias, intentar aproximaciones, abandonar resoluciones erróneas, etc., lo que se logra a partir de un trabajo continuo que puede realizarse en varias jornadas de clases.

La resolución de problemas, por parte de los alumnos, es central para que puedan involucrarse en la producción de conocimientos matemáticos.

Veamos por ejemplo las siguientes situaciones:

Situación 1

Las medialunas
Lucas, el maestro panadero, debe colocar 45 medialunas en una bandeja, de forma tal que no le sobre ninguna ni queden espacios vacios. Si tiene bandejas con capacidad para colocarlas de 7 en 7, de 9 en 9, de 5 en 5 y de 6 en 6. ¿Cuál/es bandeja/s le conviene usar?

Situación 2

Las medialunas
Lucas, el maestro panadero, debe colocar 45 medialunas en una bandeja, de forma tal que no quede ninguna sin hornear ni espacios vacios. Tiene bandejas con capacidad para colocarlas de 7 en 7, de 9 en 9, de 5 en 5 y de 6 en 6. ¿Cuál/es bandeja/s le conviene usar? (podés dar más de una respuesta, tené en cuenta los múltiplos de 45.)

La *situación 1* constituye un problema, un desafío a resolver dado que los niños deben realizar una lectura comprensiva que les permita darse cuenta de lo que se les solicita y luego decidir cuál/es bandeja/s usar.

La respuesta admite más de una solución dado que las bandejas pueden ser de 9 ó de 5 porque 45 es múltiplo de ambos números.

En cambio la *situación 2*, si bien solicita lo mismo, no constituye un problema porque el docente da pistas para la resolución tales como: *"tené en cuenta los múltiplos de 45"* con lo cual se está indicando el camino a seguir.

Ambas son situaciones abiertas, admiten más de un resultado pero en la *situación 1* esto debe ser descubierto por los alumnos, mientras que en la *situación 2* lo indica el docente al decir: *"podés dar más de una respuesta"*.

 *Proponer un trabajo exploratorio*

El aula debe ser un espacio de construcción colectiva de conocimientos matemáticos donde los alumnos exploren, prueben, ensayen, abandonen lo hecho, comiencen nuevamente la búsqueda. Para tal fin el docente debe plantear problemas, ofrecer tiempo y espacio para que los alumnos se equivoquen, encuentren aproximaciones correctas o incorrectas, busquen ejemplos, ...

Así las estrategias iniciales de los alumnos que, por lo general, no son ni "expertas" ni "económicas", constituyen el punto de partida para la producción de nuevos conocimientos.

Por ejemplo, dentro de la construcción del Sistema de Numeración Decimal es común que los alumnos de 1° año, al tener que escribir 105 lo hagan como:

| 100 Y 5 | 100   5 | 100 + 5 |

Al preguntarles *"¿por qué?"* dan respuestas del tipo: *"digo ciento cinco por eso escribo cien y cinco"*, *"lo escribo como se dice"*, *"es el 100 y el 5"*, ...

Un trabajo exploratorio les permitirá modificar sus hipótesis incompletas que ponen de manifiesto sus conocimientos orales, dado que escriben los números como los nombran.

Aceptar el error

Dentro de esta forma de "hacer matemática" el *error* ocupa un lugar importante, es considerado parte del proceso constructivo, constituye una marca visible del estado del conocimiento en un momento dado. A veces los errores de los alumnos tienen explicaciones basadas en su propia lógica, es tarea del docente comprenderlos y colaborar para su superación. Ejemplo de esto es lo planteado con la forma en que los niños escriben el número 105.

Propiciar la producción y generalización de conjeturas

Las *conjeturas* o *hipótesis* son las ideas que los alumnos elaboran al resolver y analizar problemas de diferente índole. Son las respuestas que encuentran, las relaciones que establecen, aún cuando no sea claro, ni para ellos, si son o no relaciones ciertas.

Ejemplos de conjeturas son:
- ✓ *"Si un número es más largo es más grande"*.
- ✓ *"Multiplicar por 6 da el doble que multiplicar por 3"*.
- ✓ *"Creo que 9 + 8 da 17"*.

Pero, el trabajo matemático no sólo implica producir conjeturas sino, además, *"hacerse cargo"*; es decir, dar cuenta de la verdad o falsedad de las conjeturas o hipótesis formuladas, de los resultados hallados y de las relaciones que se

establecen. Continuando con los ejemplos anteriores, podemos decir que para la conjetura:
- ✓ *"Multiplicar por 6 da el doble que multiplicar por 3"* será necesario identificar que 2 x 3 = 6, que 2 x 6 = 12, siendo 12 el doble que 6 y así sucesivamente.
- ✓ *"Creo que 6 + 7 da 13"* será suficiente considerar que 6 + 6 da 12, que 7 es uno más que 6, entonces se agrega 1 al resultado, así 12 + 1 = 13.

Además, los alumnos, deberán analizar *"bajo qué condiciones"* una conjetura es válida. Si la validez de una conjetura es para todos los casos se establecen *generalizaciones*, caso contrario se indicarán límites. Por ejemplo, la conjetura *"si un número es más largo es más grande"* es válida sólo para el campo de los números naturales y deja de serlo para las expresiones decimales.

Favorecer la reorganización y establecimiento de relaciones entre conceptos.

El docente deberá proponer a su grupo instancias que le permitan establecer relaciones entre los conocimientos nuevos y los que han adquirido anteriormente. Por ejemplo, es importante que los alumnos comprendan que el sistema de numeración decimal se relaciona con SIMELA y que las relaciones construidas dentro de los números naturales se modifican al expresarlos en fracciones y expresiones decimales.

También se debe favorecer la reflexión en torno de un conjunto de problemas, para clasificarlos. Por ejemplo, establecer relaciones entre los problemas de organizaciones rectangulares y series proporcionales implica mirar la multiplicación y el modelo proporcional como objetos en sí mismos.

Enseñar a estudiar

Si bien el abordaje de nuevos problemas se realiza dentro del ámbito escolar a través de un trabajo exploratorio —momentos de comunicación y análisis de respuestas y estrategias, espacios de argumentación y búsqueda de la verdad, análisis colectivo de errores y aciertos, instancias de sistematización... —es necesario incluir, también, momentos de *estudio* en los cuales se desarrollará una actividad personal que permita reflexionar sobre el trabajo realizado.

Para que los alumnos se involucren y tomen conciencia de los nuevos conocimientos que gradualmente incorporan a sus saberes, se les deberá proponer actividades, en clase y fuera de ella, que los orienten en la tarea de *"estudiar"* tales como:
- ✓ releer las conclusiones elaboradas en forma colectiva,
- ✓ rehacer los problemas más complejos,
- ✓ realizar "simulacros" de evaluación con problemas similares a los que tendrá la prueba escrita,
- ✓ revisar problemas solucionados para reflexionar sobre las estrategias utilizadas,
- ✓ elaborar fichas que permitan: ordenar temas, recabar información que se necesita retener...
- ✓ organizar tutorías entre alumnos para que unos ayuden a los otros,
- ✓ ...

Organizar secuencias didácticas

Para que los alumnos *progresen, evolucionen* en la apropiación de los conocimientos matemáticos es necesario que el docente presente tanto un contenido en diferentes contextos como la reiteración de actividades, dado que los aprendizajes matemáticos no se construyen de una sola vez sino que requieren de sucesivas aproximaciones y resignificaciones.

Así los alumnos, al evolucionar, logran dominar mejor lo que ya saben o enriquecerlo con nuevos sentidos o modificarlo para reorganizarlo en un nuevo campo de saberes como producto de la incorporación de nuevos conceptos.

Una propuesta didáctica de calidad conlleva a que los problemas, las situaciones de aprendizaje, se encadenen formando *secuencias didácticas* que tienden a complejizar, resignificar, transformar un concepto.

El armado de secuencias didácticas cobra relevancia a la hora de pensar *qué* y *cómo* enseñar.

Una secuencia didáctica es un conjunto de actividades que guardan coherencia entre sí; son actividades diferentes pensadas para favorecer la construcción de determinados conocimientos. Cada actividad se engarza con la otra y en su conjunto presentan diferentes modos de aproximación al contenido.

El trabajo matemático a partir de secuencias genera aprendizajes relacionados y no entrecortados; de modo tal que imprimen sentido y riqueza a las acciones.

Al armar secuencias didácticas, el docente debe pensar variables didácticas. Según el ERMEL (1990)[1] *"Variable didáctica es una variable de la situación sobre la cual el docente puede actuar y que modifica las relaciones de los alumnos con las nociones en juego, provocando la utilización de distintas estrategias de resolución"*.

Supongamos que Vilma, docente de 3° año, les plantea a sus alumnos que en parejas resuelvan las siguientes situaciones.

Situación 1

Los chocolates
Bruno lleva a la plaza 8 chocolates para convidar a sus cuatro amigos. ¿Cuántos chocolates le da a cada uno?

---

[1]. ERMEL (Equipo de Didáctica de la matemática) (1990) *"Aprendizajes numéricos y resolución de problemas"*. Instituto de Investigación Pedagógica. París. Athier.

Situación 2

Los chocolates
Bruno lleva a la plaza 8 chocolates para convidar a sus cuatro amigos con igual cantidad de chocolate. ¿Cuántos chocolates le da a cada uno? ¿Quedan chocolates sin repartir?

Situación 3

Los chocolates
Bruno lleva a la plaza 9 chocolates para convidar a sus cuatro amigos con igual cantidad de chocolate. ¿Cuántos chocolates le da a cada uno? ¿Quedan chocolates sin repartir?

Situación 4

¿Cómo podemos hacer para que no sobre ningún chocolate y todos coman igual cantidad de chocolate?

Situación 5

Si Bruno hubiera llevado 9 caramelos, ¿cuántos caramelos le da a cada uno? ¿Quedan caramelos sin repartir? ¿Es posible partir los caramelos que quedaron?

Las situaciones presentadas por Vilma constituyen una secuencia didáctica relacionada con uno de los significados de la división de números naturales: reparto (ver capítulo 3).

En la secuencia se presentan situaciones con diferente nivel de complejidad que posibilitan la reflexión de variados conceptos.

- ✓ *Situación 1* al no indicarse que todos comen la misma cantidad de chocolates la situación admite múltiples respuestas, por ejemplo 3+2+1+2, 4+1+1+2, 3+3+1+1, es decir tantas respuestas como combinaciones de cuatro sumandos que den 8 sean posibles.
- ✓ *Situación 2* admite una sola respuesta dado que se indica: *"para convidar a sus cuatro amigos con igual cantidad de chocolate"*. Es importante que el docente les solicite a los niños que comparen las situaciones 1 y 2 con el objetivo de que reflexionen acerca de la importancia de las palabras *"en partes iguales"*, *"coman la misma cantidad"*... En este caso no sobran pues 8, cantidad de chocolates, es múltiplo de 4, cantidad de amigos.
- ✓ *Situación 3* es similar a la *situación 2* porque el reparto debe realizarse en partes iguales pero se diferencia en que sobra un chocolate. Es importante que los alumnos comparen ambas situaciones y se den cuenta de que sobra un chocolate porque 9 no es múltiplo de 4 y que el resto es menor que el dividendo.
- ✓ *Situación 4* es una situación de reparto que implica repartir el resto en partes iguales, es decir establecer cuánto le corresponde a cada uno de lo que sobra, así aparecen las expresiones ¼ y ½ y los alumnos son capaces de decir que *"cada niño comió 2 chocolates y ¼."*
- ✓ *Situación 5* permite que los niños puedan realizar comparaciones con la *situación 4* con el propósito de darse cuenta de que, si bien las situaciones son similares, el tipo de objeto indica la posibilidad o no de reparto. En este caso la respuesta será *"cada chico recibe 2 caramelos y sobra 1 caramelo"*.

Pensar en la organización grupal

El docente, a la hora de seleccionar el problema a trabajar, también debe pensar en el tipo de organización grupal con la cual lo propondrá, teniendo en cuenta el nivel de conocimientos que el problema involucra y las interacciones que se pretende promover.

A veces es necesario comenzar con un trabajo individual para que cada niño enfrente el problema desde los conocimientos que dispone. Este acercamiento, por lo general, será el punto de partida para un posterior análisis colectivo.

En otras oportunidades es conveniente comenzar con un trabajo en pequeños grupos o parejas para que los alumnos puedan interactuar entre ellos enriqueciendo la producción. Por ejemplo:
- ✓ *"enviar un mensaje con la descripción de una figura para que otros la reproduzcan"*,
- ✓ *"plantear un problema para que otro grupo lo resuelva"*,
- ✓ *"escribir un cálculo para que otros lo interpreten"*.

Tener en cuenta los momentos del trabajo matemático.

Al implementar las situaciones de enseñanza, el docente anticipa una organización que incluye distintos momentos. Estos son:

- ✓ *Presentación de la situación*
  Es el momento en el cual el docente plantea el problema, indica la organización grupal y se asegura de que la tarea haya sido comprendida por todos. El docente tiene un rol protagónico. Generalmente se realiza en grupo total. Coincide con el *inicio* de la actividad.
- ✓ *Momento de resolución*
  Puede ser individual o bien en pequeños grupos o parejas, de acuerdo con el tipo de situación que se plantee.

  El protagonismo pasa del docente a los alumnos pues ellos intercambian opiniones, discuten, confrontan formas de resolución, con el fin de dar respuesta al problema planteado. El docente cumple un rol de guía, de orientador de la tarea. Este momento coincide con el *desarrollo* de la actividad.

✓ *Presentación de los resultados o puesta en común*
Es un espacio de trabajo colectivo que permite la socialización, comunicación, explicitación de las estrategias producidas para que todos puedan conocerlas y, de ser posible, reutilizarlas.

Los alumnos deben fundamentar sus respuestas y aceptar los posibles errores. Se desarrolla una argumentación sobre el problema y las estrategias de resolución se analizan en función del problema a resolver.

Este momento permite, a los alumnos, tomar distancia y reflexionar sobre lo realizado y, al docente, conocer el nivel de construcción alcanzado por ellos.

Tanto el docente como el alumno protagonizan este momento ya que intercambian opiniones, descubrimientos, procedimientos... respecto del saber a construir.

✓ *Síntesis de lo realizado*
Es un momento destinado a elaborar generalidades, *"establecer límites"* a las resoluciones presentadas, buscar nuevas relaciones, identificar los conocimientos matemáticos que se pusieron en juego en la resolución y análisis y también analizar errores con el objetivo de elaborar explicaciones que permitan revertirlos.

Permite recapitular y comparar los conocimientos anteriores con los nuevos, tomar conciencia de las progresivas reorganizaciones del conocimiento. Es un trabajo reflexivo sobre el propio proceso de estudio.

El docente adopta un rol protagónico como coordinador del debate dado que su saber asimétrico hace que tenga clara la finalidad que persigue.

Los dos últimos momentos mencionados, se llevan adelante dentro del *cierre* de la actividad.

Estos momentos no necesariamente se deben cumplimentar en un mismo día de trabajo, puede haber inicios y desarrollos sucesivos que se engloban en un cierre posterior, que retoma lo realizado en los diferentes días. A veces, el cierre se puede transformar en el inicio de la actividad siguiente, dando a conocer el estado de construcción alcanzado. En este caso, son los niños quienes asumen un rol activo y el docente coordina.

Retomando la secuencia descripta anteriormente podemos decir que:

- ✓ El *momento de presentación de la situación* o *inicio* se da cuando Vilma le plantea a su grupo de alumnos *"en parejas resuelvan las situaciones 1 y 2"*. Aquí Vilma asume un rol protagónico dado que indica tanto la actividad como la organización grupal.
- ✓ *Momento de resolución* se da cuando los niños, en parejas, resuelven las situaciones propuestas. Son ellos los protagonistas de este momento.
- ✓ *Momento de presentación de resultados o puesta en común* se da cuando las diferentes parejas exponen los procedimientos seguidos. Aquí el protagonismo es tanto del docente como de los alumnos.
- ✓ *Momento de síntesis de lo realizado* se da cuando Vilma a partir de las decisiones tomadas por los alumnos los hace reflexionar acerca de los alcances de las expresiones *"en partes iguales"*, *"coman la misma cantidad"*, ... y que en este caso no sobran chocolates pues 8, cantidad de chocolates es múltiplo de 4, cantidad de amigos.

En este momento Vilma asume el protagonismo, hace reflexionar a los alumnos en torno al concepto que intencionalmente se propuso trabajar.

Evaluar los logros alcanzados

La evaluación es parte inherente de los procesos de enseñanza y de aprendizaje dado que suministra información que da direccionalidad al proceso de enseñar. Hay distintos tipos de evaluación:

- ✓ *Evaluación inicial o de diagnóstico.*

  Permite relevar información acerca del punto de partida de los conocimientos de los alumnos respecto de un

determinado contenido. Da luz a la hora de planificar la enseñanza porque permite conocer los conocimientos disponibles de la clase.

No se trata de evaluar a cada alumno sino de identificar los conocimientos que están disponibles en la mayor parte de ellos. Son el punto de partida, por lo tanto se debe realizar no sólo al comienzo del año sino antes de la enseñanza de los distintos contenidos.

Supongamos, por ejemplo, que un docente en 4° año propone a su grupo realizar de dos formas diferentes cálculos de división en los cuales el divisor es de un dígito. Esta actividad le permitirá al docente detectar las construcciones alcanzadas por los niños en el Primer Ciclo antes de comenzar a trabajar cálculos de división en los cuales el divisor sea de dos dígitos.

✓ *Evaluación de proceso.*

Este tipo de evaluación es realizada por el docente durante el momento de enseñanza. Puede ser individual o colectiva, oral o escrita. Suministra información acerca de qué aspectos son necesarios enfatizar, qué relaciones nuevas están disponibles, cuales conocimientos dominan los alumnos y sirven como punto de partida de otros, así como cuáles requieren ser enseñados nuevamente.

✓ *Evaluación de producto.*

Esta instancia, por lo general, no es colectiva sino individual; suministra al docente información sobre la marcha de los aprendizajes de cada alumno y los logros alcanzados hasta el momento. Se evalúan los progresos de los alumnos en relación tanto con los conocimientos iniciales como con lo que se ha enseñado en el aula. Se trata de recabar información sobre cuáles de los alumnos no tienen disponibles los nuevos conocimientos sobre los que se ha trabajado en clase.

Los problemas que se plantean en esta instancia deben ser conocidos, similares a los ya estudiados, no "nuevos", porque se trata de evaluar si aquello que tenía status de "novedoso" se ha vuelto conocido como producto del trabajo sistemático realizado en el aula.

Además es importante tener presente que no todo lo que se enseña debe ser evaluado, es suficiente un recorte de lo enseñado, aquello que se considere de vital importancia para la continuidad del proceso de aprendizaje.

En síntesis

A la hora de enseñar matemática desde el Enfoque de la Resolución de Problemas debemos tener presente que:

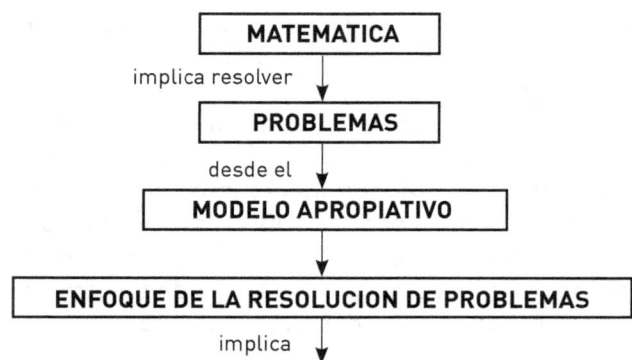

- ✓ Plantear problemas.
- ✓ Proponer un trabajo exploratorio.
- ✓ Aceptar el error.
- ✓ Propiciar la producción y generalización de conjeturas.
- ✓ Favorecer la reorganización y establecimiento de relaciones entre conceptos.
- ✓ Enseñar a estudiar.
- ✓ Organizar secuencias didácticas.
- ✓ Pensar en la organización grupal.
- ✓ Tener en cuenta los momentos del trabajo matemático.
- ✓ Evaluar los logros alcanzados.

Capítulo 2
La división de números naturales

El aprendizaje de una operación no se reduce a aprender el algoritmo dado que éste no es el conocimiento central de lo que implica *"la división de números naturales"*.

Aprender a dividir involucra tanto el dominio de los recursos que permiten obtener resultados así como, también, reconocer los problemas que se resuelven con la división y cuáles son aquellos problemas para los que el dividir no es una herramienta útil.

Por lo tanto, tan importante es la actividad de resolución de problemas como la de construcción de recursos de cálculo y el reconocimiento de sus propiedades. Todas son fundamentales para comprender el significado de la división de números naturales. De ahí que *cuentas versus problemas* es una falsa dicotomía.

¿Qué significa saber dividir?

Hace años era común asociar a las operaciones con determinadas acciones, de ahí que la palabra *"agregar"* se la consideraba sinónimo de sumar, *"quitar"*, *"sacar"* eran sinónimos de restar, *"sumas reiteradas de un mismo número"* como sinónimo de multiplicación, *"repartir"* cómo sinónimo de dividir. Hoy sabemos que estas relaciones no siempre se cumplen, veamos los siguientes ejemplos:

Los alfajores
*Lucía guarda en una caja los alfajores que le regalan. Amalia, su abuela, le trajo 4 alfajores, dos de chocolate negro y dos de chocolate blanco, que **"agregó"** a su caja. Ahora tiene 12 alfajores. ¿Cuántos alfajores tenía antes del regalo de su abuela?*

Si bien en esta situación se hace referencia a la acción de **agregar** la operación que la resuelve es una resta (12 − 4 = 8).

Las naranjas
*Miguel, el frutero, **"sacó"** de un cajón 8 naranjas que se pudrieron. Si ahora tiene 42 naranjas para vender. ¿Qué cantidad de naranjas tenía el cajón?*

La acción a la que se hace referencia es la de **sacar** pero la operación que resuelve la situación es una suma (8 + 42 = 50).

Las pastillas de menta
Juan compró 4 paquetes de pastillas de menta. Cada paquete tiene 5 pastillas. ¿Cuántas pastillas de menta compró Juan?

Esta situación se puede resolver mediante una multiplicación (4 x 5) ó sumando 4 veces la constante de proporcionalidad 5 (5 + 5 + 5 + 5) pero no mediante la suma de 4 + 5.

Las empanadas
*Marisol, para su cumpleaños, hizo 35 empanadas de carne y 25 de jamón de queso. ¿Qué cantidad de empanadas **"repartió"** entre sus invitados?*

Aquí si bien se usa el término **repartir** la operación que resuelve la situación no es una división sino una suma (35 + 25 = 60).

Como se desprende de los ejemplos presentados se pueden plantear problemas con diferentes niveles de complejidad, de ahí que es de vital importancia trabajar situaciones variadas que permitan a los alumnos reflexionar sobre las operaciones involucradas y buscar similitudes y diferencias entre ellas a lo largo de todo el Nivel Primario.

La división, al igual que las otras operaciones, no es un contenido sólo del Primer Ciclo sino que su tratamiento se realiza durante la Escuela Primaria con diferentes niveles de complejidad. Es un aprendizaje a largo plazo.

En los diferentes años de escolaridad, los alumnos, podrán ir ampliando sus conocimientos a partir de las situaciones que enfrenten y de una organización de enseñanza que favorezca la reflexión.

Saber dividir implica:
- ✓ reconocer en qué tipo de problemas la división es un recurso válido,
- ✓ establecer relaciones entre los diferentes sentidos,
- ✓ elegir las estrategias más económicas según la situación,
- ✓ disponer de procedimientos de cálculo, usando el más adecuado y económico en cada caso,
- ✓ reconocer en qué casos la división no es un recurso útil

Estos conocimientos les permitirán, a los alumnos, encontrar el sentido de la división de números naturales y delimitarlo respecto de cuál es el campo de problemas que resuelve y cuál es el campo para el que resulta insuficiente y también por qué es una herramienta matemática y cuáles son sus propiedades.

¿Es posible comenzar a abordar la división desde 1° año?

Los docentes, en su mayoría, abordan —tal como lo indican los Diseños Curriculares— problemas de suma y resta en 1° año y dejan los del campo multiplicativo para 2° y 3° año del Primer Ciclo, considerando que el trabajo sistemático con la división de números naturales debe iniciarse en el 3° año del Primer Ciclo.

Nosotros proponemos ampliar desde 1° año la variedad de los problemas que se le plantean a los alumnos, la idea no es "enseñar a dividir" sino ponerlos en contacto con situaciones que les permitan movilizar nuevos recursos de resolución tomando como punto de partida los saberes construidos hasta el momento.

Supongamos que presentamos, para ser resuelta en grupos de tres alumnos, una situación como la siguiente:

Los alfajores
Julieta tiene 16 alfajores de dulce de leche para regalarles a sus 4 amigas. Si todas reciben la misma cantidad. ¿Cuántos alfajores recibe cada una?

Si bien los alumnos de 1° año no son capaces de resolver la situación mediante el cálculo de 16 : 4, lo pueden hacer de alguna de las formas que se detallan a continuación:

Solución 1

CADA UNA RECIBE 4 ALFAJORES

Solución 2

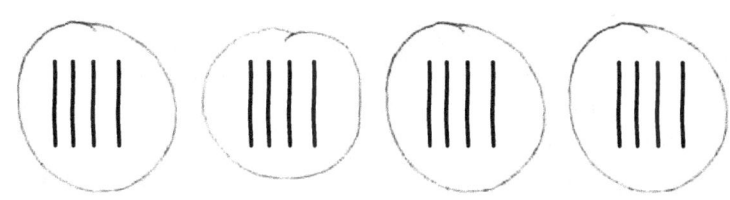

CADA UNA TENDRÁ 4 ALFAJORES

Solución 3

HICE 3 + 3 + 3 + 3 = 12
COMO NO ME DIO HICE 4 + 4 + 4 + 4 = 16

"ENTONCES LE DARÉ 4 ALFAJORES A CADA UNA"

Una vez que los diferentes grupos resolvieron la situación planteada se les pide que muestren y expliquen lo realizado. Es de esperar que con la coordinación del docente los alumnos sean capaces de expresar frases del siguiente tipo: *"Es diferente a los otros problemas, acá no sumamos todos los números", "En estos problemas sumamos números iguales hasta llegar al número que queremos"*...

Los alumnos pueden reflexionar acerca de los procedimientos utilizados por otros, darse cuenta de que su forma de resolución no es la única posible, de esta forma avanzan en la comprensión de los enunciados y en las estrategias de resolución.

Como usted apreciará las soluciones presentadas implican diferentes procedimientos y ponen en evidencia el nivel de construcción alcanzado hasta el momento. Analizando cada una de ellas podemos decir que:

✓ *Solución 1*: recurren a dibujos, concretizan la situación. Dibujan un alfajor al lado de cada nena hasta quedarse sin alfajores y por último cuentan la cantidad de alfajores de cada nena para dar respuesta al interrogante.

✓ *Solución 2* es similar a la solución anterior con menor nivel de concretización; en lugar de dibujar caras hacen redondeles que simbolizan a cada una de las niñas, luego hacen un palito por cada alfajor y finalmente cuentan y escriben la respuesta.

✓ *Solución 3*: muestra un mayor nivel de construcción no realizan dibujos, prueban con 3 lo suman cuatro veces por ser esa la cantidad de amigas, como no llegan a 16 (cantidad de alfajores) se dan cuenta de que deben usar un número mayor, cuando llegan a 16 dan la respuesta al interrogante planteado.

Este tipo de trabajo les permite, a los alumnos, enfrentarse a problemas para los cuales no poseen un procedimiento experto; tienen que producir estrategias de solución propias. Enfrentan desafíos importantes relacionados con la comprensión de la situación y la organización de los datos.

La división, la suma y la resta

Nuestra propuesta implica, también, continuar y complejizar en el 2° año el trabajo iniciado en 1° año planteando situaciones que impliquen mayor nivel de dificultad pero que puedan ser resueltas con los conocimientos de suma y resta que los alumnos poseen hasta el momento.

Supongamos que a un grupo de alumnos de 2° año del Primer Ciclo se les plantea la siguiente situación.

Las latas
Los chicos de 2° año juntaron 100 latas para ser recicladas.
Para enviarlas las pusieron en cajas de 25 latas cada una.
¿Qué cantidad de cajas llenaron?

Los niños pueden resolverla, entre otras, de las siguientes formas:

Solución 1

Nosotros, para saber cuántas cajas podemos llenar, restamos 25 a 100 hasta llegar a cero.
Por lo tanto:

$$100 - 25 = 75$$
$$75 - 25 = 50$$
$$50 - 25 = 25$$
$$25 - 25 = 0$$

Como con 25 latas llenamos 1 caja, aquí restamos 25 cuatro veces y por lo tanto podemos llenar 4 cajas.
Respuesta: Se pueden llenar 4 cajas.

Solución 2

Nosotros sabemos que en cada caja se pueden colocar 25 latas, por lo tanto sumamos 25 hasta llegar a 100 que son las latas que juntamos.
Hacemos:

$$25 + 25 = 50$$
$$50 + 25 = 75$$
$$75 + 25 = 100$$

Como sumamos 4 veces 25, podemos decir que necesitamos 4 cajas.
Respuesta: Llenamos 4 cajas.

Es así como, apelando a los conocimientos de suma y resta disponibles, dieron respuesta a esta situación que se relaciona con el campo multiplicativo, más específicamente con la división de números naturales.

Los alumnos, fueron capaces de identificar hasta que número debían llegar, 0 en el primer caso y 100 en el segundo, y luego contando las veces que usaron el número 25, para restar o sumar, dieron respuesta al interrogante.

Por lo general no escriben una única expresión como resta o suma sino que realizan restas o sumas sucesivas que luego les permiten, con más claridad, darse cuenta de la cantidad de cajas que llenan, cada resta o suma representa una caja.

Una vez que se socializaron las resoluciones de todos los grupos, el docente puede plantear:

Las latas I
Si hubieran juntado 110 latas, ¿qué cantidad de cajas de 25 latas hubieran llenado?

En este caso, usando los procedimientos antes descriptos, los alumnos, deberán darse cuenta de que:
- ✓ *Solución 1*: cuando el número obtenido es menor que la cantidad de latas de cada caja, no se puede seguir restando y esas latas quedarán sueltas, dado que no arman una caja.
    110 − 25 = 85
    85 − 25 = 60
    60 − 25 = 35
    35 − 25 = 10

    De ahí que la respuesta deberá ser: *Llenamos 4 cajas y quedan 10 latas sueltas.*
- ✓ *Solución 2*: deberán darse cuenta de que no pueden llegar a un número superior a la cantidad de latas juntadas, es así como en:
    25 + 25 = 50
    50 + 25 = 75
    75 + 25 = 100
    100 + 25 = 125

la última suma no tiene valor porque supera la cantidad de latas juntadas, por lo tanto:

$$110 - 100 = 10$$

les permite llegar a la respuesta de la situación: *Se llenan 4 cajas y quedan 10 latas sueltas.*

Las formas de resolución descriptas, si bien no son económicas, tienen mucho sentido para los alumnos ya que corresponden a una manera personal de organizar la información, de acercarse a la resolución de la situación y de comprender lo planteado, a partir de los conocimientos de que disponen.

Es de vital importancia que el docente disponga de espacios en los cuales los niños puedan socializar los procedimientos puestos en juego y explicar el significado de los números utilizados.

Estos conocimientos serán la base sobre la cual se aprenderá la división y a su vez servirán de control a las nuevas formas de resolver la situación.

El hecho de que los alumnos, por lo general, trabajen en grupos para favorecer la discusión y el intercambio de opiniones y así puedan resolver situaciones de este tipo no debe hacer que el docente pierda de vista la complejidad que dichas situaciones encierran ya que significan rupturas en relación con aquellas a las que se habían enfrentado hasta el momento.

Antes las situaciones en las que aparecían dos datos numéricos se resolvían con una sola operación ya sea de suma o de resta y el resultado obtenido coincidía con la respuesta a dar, en estas deben realizarse varios cálculos de suma o resta y el resultado al que se llega no coincide con la respuesta de la situación.

Las situaciones descriptas también podrían resolverse mediante multiplicaciones:
- ✓ *"Las latas"*: se podría haber multiplicado 25 por 1, por 2... así hasta llegar a 100 y darse cuenta de que como 25 x 4 = 100 implica que *se pueden llenar 4 cajas de latas.*

✓ *"Las latas I"* se resuelve de la misma forma, pero los alumnos deberán comprender que 25 x 4 = 100 y 25 x 5 = 125 por lo tanto se pueden llenar 4 cajas y para llegar de 100 a 110 es necesario que queden 10 latas sueltas, de ahí que la respuesta sería: *Se llenan 4 cajas y quedan 10 latas sueltas.*

Pero, dado que los conocimientos que los alumnos de 2° año poseen sobre esta operaciones son insuficientes, por lo general, no las usan para resolver estas situaciones, se sienten más seguros usando saberes más conocidos como son la suma y la resta.

De esta forma los alumnos se enfrentan a situaciones de división en las cuales los números que se utilizan son o no múltiplos, podrán darse cuenta de que a veces sobra y que otras veces no. Esto les permitirá más adelante, en 3° año, reconocer la función del resto.

Propuestas para ser trabajadas desde 1° año

Las propuestas que a continuación se presentan tienen por finalidad abordar los problemas del campo multiplicativo, específicamente los relacionados con la división de números naturales desde el 1° año.

Será el docente quién decidirá en qué año del Primer Ciclo es pertinente presentarlas teniendo en cuenta las características de su grupo escolar así como los contenidos que intencionalmente se propone trabajar.

Propuesta 1

Los globos
Luciana, para el cumpleaños de si hija Vicky, compró 80 globos. ¿Cuántos globos le dará a cada uno de los 20 invitados si todos reciben la misma cantidad?

Propuesta 2

Los caramelos
Sebastián compra para su kiosco una bolsa con 120 caramelos. Si arma bolsas de 15 caramelos. ¿Qué cantidad de bolsas podrá armar?

Propuesta 3

Los libros
Mercedes, la bibliotecaria de la escuela, recibe de regalo 40 libros de cuentos. Si los quiere acomodar en 6 estantes, colocando en cada uno la misma cantidad de libros. ¿Qué cantidad de libros deberá colocar en cada estante?

Propuesta 4

Los alfajores
En la fábrica de alfajores "La dulzura" hicieron 67 alfajores de frutas. Si los colocan en cajas de 12 alfajores cada una. ¿Cuántas cajas necesitarán?

Propuesta 5

Las bolitas
Mariano tiene una lata con 50 bolitas y le quiere regalar la misma cantidad de bolitas a cada uno de sus 6 amigos. ¿Cuántas bolitas le dará a cada uno?

Propuesta 6

Las empanadas
Manuela, la mamá de Mica, realiza para el cumpleaños de su hija 85 empandas de sabores variados. Si coloca 8 empanadas en cada plato. ¿Cuántos platos necesita?

Propuesta 7

Las rosas
Pedro, el florista, compró un paquetes con 50 rosas. Si quiere colocar 10 rosas en cada florero. ¿Cuántos floreros necesita?

Propuesta 8

Las remeras
Sol compra para su negocio 25 remeras que las acomoda en 4 estantes colocando en cada una la misma cantidad de remeras ¿Qué cantidad de remeras coloca en cada estante?

Propuesta 9

Los bombones
Marisol recibe una caja con 48 bombones y quiere colocar la misma cantidad de bombones en cada una de las 5 cajas que tiene. ¿Cuántos bombones coloca en cada caja?

Propuesta 10

Las medialunas
Mónica compra para sus hijos 12 medialunas. Si cada uno de sus 3 hijos come la misma cantidad. ¿Cuántas medialunas comió cada uno?

En síntesis
Proponemos una enseñanza de la división que implique:
- ✓ Conocer sus significados y sus límites.
- ✓ Comenzar su abordaje desde 1° año a partir de la resolución de problemas que movilicen nuevos recursos de resolución tomando como punto de partida los ya construidos.
- ✓ Relacionar la división con la suma y la resta como operaciones distintas que permiten resolver situaciones de división ya sean de reparto o de partición utilizando números múltiplos y no múltiplos.

Capítulo 3
Los sentidos de la división

A lo largo de la Escuela Primaria, se deberá plantear un conjunto variado de situaciones de división para que los alumnos tomen conciencia de la amplia gama de problemas que se resuelven a través de esa operación. Se deberán plantear situaciones:
- ✓ Relacionadas con el reparto y la partición.
- ✓ Relacionadas con las organizaciones rectangulares y las series proporcionales.
- ✓ Relacionadas con el resto.
- ✓ De iteración.

Situaciones relacionadas con el reparto y la partición

Ambos significados de la división deberán ser trabajados durante la Escuela Primaria. Apuntan al planteo de situaciones distintas que se resuelven apelando a procedimientos diferentes, usando en ambas situaciones una misma operación, la división.

Situaciones de reparto

Retomando la situación *"Los alfajores"* analizada en el capítulo II apartado. *"¿Es posible comenzar a abordar la división desde 1° año?"*

Los alfajores
Julieta tiene 16 alfajores de dulce de leche para regalarles a sus 4 amigas. Si todas reciben la misma cantidad, ¿cuántos alfajores recibe cada una?

Esta es una situación de *reparto* dado que *se conoce la cantidad de partes* (4 amigas) y *se pide averiguar el valor de cada parte* (cuántos alfajores recibe cada una de las amigas), por lo tanto admite, para su resolución, procedimientos de repartir uno a uno como las *soluciones 1 y 2* presentadas en el apartado mencionado.

Las situaciones de reparto también se pueden plantear con cantidades que no sean múltiplos.

Siguiendo con el ejemplo anterior, podemos decir:

Los alfajores I
Julieta tiene 18 alfajores de dulce de leche para regalarles a sus 4 amigas. Si todas reciben la misma cantidad, ¿cuántos alfajores recibe cada una?

En este caso los alumnos se darán cuenta de que al repartir un alfajor a cada niña sobran dos y que no se pueden repartir dado que no alcanza para dar uno a cada uno, por lo tanto será importante que reflexionen acerca de que la cantidad de alfajores que queda sin repartir es menor que la cantidad de amigas de Julieta, es decir es menor que la cantidad de partes.

Otros problemas de reparto son los de *distribuciones equitativas*, en estos no se da ni el valor de cada parte ni la cantidad de partes.
Veamos el siguiente ejemplo.

Los bombones
Lucrecia tiene 18 bombones de frutas y los quiere dar a los niños del barrio, de tal manera que a todos les de la misma cantidad. ¿A cuántos chicos le puede dar bombones y qué cantidad a cada uno?

Esta es una situación *abierta* dado que admite muchas posibilidades como ser:

Cantidad de chicos	*Cantidad de bombones*
1 chico	18 bombones
2 chicos	9 bombones a cada uno
3 chicos	6 bombones a cada uno
6 chicos	3 bombones a cada uno
9 chicos	2 bombones a cada uno
18 chicos	1 bombón a cada uno

Por lo general los alumnos no buscan todas las posibles soluciones, por lo tanto, será importante disponer de un espacio que les permita socializar las distintas soluciones encontradas para, de esa forma, reflexionar acerca de todas las posibles.

Al presentar situaciones de este tipo a los alumnos del 3° año del Primer Ciclo es de esperar que las asocien con la multiplicación y busquen directamente, por ejemplo en este caso, *"multiplicaciones que den 18"* pudiendo valerse, de ser necesario de la tabla de multiplicar.

De esta forma, los alumnos, comprenderán que la multiplicación es también un recurso valioso a la hora de resolver este tipo de problemas de partición.

A continuación presentamos situaciones que pueden ser trabajadas con los alumnos:

Propuesta 1

Las cajas de alfajores
Lucrecia, la empleada de la fábrica de alfajores, debe colocar 50 alfajores de mousse de chocolate en 5 cajas con la misma cantidad de alfajores en cada una. ¿Qué cantidad de alfajores colocará en cada caja?

Propuesta 2

Las bolitas
Micaela tiene una caja con 48 bolitas y las quiere dar a unos niños, de tal manera que a todos les de la misma cantidad. ¿A cuántos chicos le puede dar bolitas y qué cantidad a cada uno?

Propuesta 3

Las medialunas
Benjamín, el empleado de la cafetería "La buena onda" tiene que acomodar una canasta con 80 medialunas en 6 bandejas, colocando en cada bandeja la misma cantidad de medialunas. ¿Qué cantidad de medialunas colocará en cada bandeja?

Propuesta 4

Las rosas rojas
Esteban, el encargado de la florería "La flor marchita", acomoda un paquete de 56 rosas rojas en 7 floreros. Si coloca en cada florero la misma cantidad de rosas. ¿Qué cantidad coloca en cada florero? ¿Le sobran flores? ¿Cuántas?

Propuesta 5

Los lápices
Marisol, la vendedora de la librería "La pluma loca" recibe una caja con 150 lápices negros que debe colocar en 8 portalápices. ¿Cuántos lápices coloca en cada portalápiz? ¿Le sobran lápices? ¿Cuántos?

Propuesta 6

Los caramelos
Lulú tiene una bolsa con 60 caramelos y se los quiere dar a sus compañeros de gimnasia artística, de tal manera que a todos les de la misma cantidad. ¿A cuántos chicos le puede dar caramelos y qué cantidad a cada uno?

Situaciones de partición

Retomando la situación *"Las latas"* analizada en el capítulo II apartado *"La división, la suma y la resta"*.

Las latas
Los chicos de 2° año juntaron 100 latas para ser recicladas. Para enviarlas las pusieron en cajas de 25 latas cada una. ¿Qué cantidad de cajas llenaron?

Esta es una situación de *partición* en la cual *se conoce el valor de cada parte* (25 latas en cada caja) y es necesario *averiguar en cuántas partes se puede dividir la colección* (cuántas cajas se pueden llenar), en este caso no se puede repartir uno a uno sino que será necesario partir la colección, se deberá restar 25 a 100 tantas veces como sea posible. Las *soluciones 1* y *2* presentadas en el apartado mencionado dan cuenta de lo expresado.

Estos problemas pueden plantearse con números múltiplos y no múltiplos y por lo general implican un mayor grado de dificultad, para los alumnos, por no poder apelar al conteo como procedimiento de resolución.

Con los niños se pueden trabajar situaciones como las que se detallan a continuación:

Propuesta 7

Los caramelos
Maxi, el empleado del kiosco "El mono loco", recibe una caja de 140 caramelos ácidos, arma bolsas de 12 caramelos. ¿Qué cantidad de bolsas puede armar? ¿Le sobran caramelos? ¿Cuántos?

Propuesta 8

Las torres
Lautaro tiene un juego de construcciones con 148 piezas, arma torres de 10 piezas. ¿Cuántas torres puede armar?

Propuesta 9

Las bisagras
Juan Pablo compró una caja con 48 tornillos. Si coloca 4 tornillos en cada bisagra. ¿Para cuántas bisagras le alcanzan los tornillos?

Propuesta 10

Las tizas
Pedro, el presidente de la cooperadora, compra una bolsa con 90 tizas de colores. Arma paquetes de 12 tizas para entregar a los docentes de la escuela. ¿A cuántos docentes le entregará tizas de colores? ¿Le sobran tizas? ¿Cuántas?

Es así como, durante el Primer Ciclo, los alumnos resolverán situaciones de reparto y partición para luego, en el Segundo Ciclo, identificar el significado de la situación, establecer diferencias entre las situaciones de reparto y partición más allá de que ambas situaciones se resuelvan mediante una división y transformar en partición una situación de reparto y viceversa.

Supongamos que a un grupo de alumnos del Segundo Ciclo se les plantea:

Alfajores serranos
En la fábrica "Alfajores serranos", el día lunes, con 48 alfajores se armaron 6 cajas de alfajores. ¿Cuántos alfajores se colocaron en cada caja?

La situación planteada es de *reparto* dado que *se conoce la cantidad de partes* (6 cajas) y *se pide averiguar el valor de cada parte* (cuántos alfajores se colocaron en cada caja). Se trabaja con dos universos diferentes (alfajores y cajas) y se pregunta por uno de ellos (alfajores).

Es así cómo, al plantear:

**48 (cantidad de alfajores) : 6 (cantidad de cajas) =
8 (cantidad de alfajores por caja)**

Es ésta una situación en la cual no sobran alfajores dado que 48 es múltiplo de 6.

Si la transformamos en una situación de *partición* tenemos:

Alfajores serranos I
En la fábrica "Alfajores serranos", el día lunes, con 48 alfajores se armaron cajas de 6 alfajores cada una. ¿Cuántas cajas se armaron?

Esta es una situación de *partición* en la cual *se conoce el valor de cada parte* (6 alfajores en cada caja) y es necesario *averiguar en cuántas partes se puede dividir la colección* (cuántas cajas se armaron). Las cantidades 48 y 6 pertenecen a un mismo universo (alfajores) y se pregunta por la cantidad de partes que pertenece a otro universo (cajas).

Se resuelve por medio de:

48 (cantidad de alfajores) : 6 (cantidad de alfajores por caja) = 8 (cantidad de cajas que se armaron)

No quedan alfajores sueltos dado que 48 es múltiplo de 6.

Las situaciones presentadas en los apartados de reparto y partición se pueden usar para plantear actividades de transformación.

Situaciones relacionadas con las series proporcionales y las organizaciones rectangulares

Como usted sabe no todos los problemas relacionados con la división son de reparto o de partición, existen otros que se relacionan con las series proporcionales y las organizaciones rectangulares, ambos también son significados de la multiplicación de números naturales[1].

Situaciones relacionadas con las series proporcionales

En estas situaciones se involucran dos series y se solicita averiguar la cantidad de unidades o el valor de la unidad. Supongamos la siguiente situación:

Los buzos
Josefina, para su negocio, compró buzos a $45 cada uno. Gastó $225. ¿Cuántos buzos compró?

---

1. González, A. (2014) *"Sumar y multiplicar: ¿Diferentes o iguales? La multiplicación de números naturales en la Escuela Primaria"*. Homo Sapiens. Rosario.

En este caso se solicita *averiguar la cantidad de unidades*, las soluciones posibles son variadas, por ejemplo:

Solución 1

BUZOS	PRECIO
1	$45
2	$90
3	$135
4	$180
5	$225

RESPUESTA: JOSEFINA COMPRÓ 5 BUZOS.

Solución 2

$$\begin{array}{r|l} 225 & 45 \\ \underline{225} & 5 \\ 0 & \end{array}$$

RESPUESTA: JOSEFINA COMPRÓ 5 BUZOS.

Las dos soluciones utilizan procedimientos diferentes, en la *solución 1* se suma a cada cantidad $45 (valor de una unidad) hasta llegar a la cantidad de dinero gastada por Josefina. En cambio en la *solución 2* se apela a la división entre el dinero gastado y el valor de cada unidad.

Otras soluciones posibles son:
- ✓ A 225 restar 45 hasta llegar a 0, luego contar las veces que se ha restado 45 y de esa forma obtener el resultado del interrogante planteado.
- ✓ Sumar 45 tantas veces como sea necesario hasta llegar a 225, luego contar las veces que se ha sumado 45 y de esa forma responder a lo planteado.

Veamos la siguiente situación:

Los buzos I
Josefina, para su negocio compró 5 buzos iguales, gastó en su compra $225. ¿Cuál es el precio de cada buzo?

Se trata de una situación en la cual se solicita *averiguar el valor de la unidad*.

Si realizamos la siguiente operación:

225 (dinero gastado) : 5 (cantidad de buzos comprados) = 45 (valor de cada buzos)

Respuesta: Josefina pagó $45 cada buzo.

En los problemas descriptos el resto es siempre cero, las cantidades de las series son múltiplos.

Consideramos que estas situaciones pueden ser trabajas desde el Primer Ciclo pero recién en el Segundo Ciclo se deberá hacer hincapié en que los niños reconozcan el lugar de la incógnita y transformen una situación en la cual la incógnita es la cantidad de unidad en otra donde la incógnita sea el valor de la unidad.

A continuación se presentan situaciones para trabajar con los alumnos:

Propuesta 11

Los libros
Laura, la bibliotecaria de la Escuela N° 45, realizó una compra de libros por $275. Compró 5 libros. ¿Cuánto abonó por cada libro?

Propuesta 12

De pic-nic
Los chicos de 5° deciden festejar el día de la primavera en el club "Sacachispas". Lucrecia es la encargada de comprar las gaseosas, gasta $180 y abona $12 cada gaseosa. ¿Qué cantidad de gaseosas compró?

Propuesta 13

Los cuadernos
Lucas, el encargado de la librería, recibe una caja con 80 cuadernos de 50 hojas. Abona por la compra $3.040. ¿Cuánto pagó cada cuaderno?

Propuesta 14

Las entradas
Walter decide ir con sus amigos a un parque de diversiones. Abona $150 por las entradas para todo el grupo. El precio de cada entrada es de $25. ¿Cuántas entradas compró Walter?

Propuesta 15

Los lápices
La cooperadora de la Escuela N° 21, realizó una compra de 220 lápices negros, abonó por ella $ 660. ¿Cuánto pagó cada lápiz?

Propuesta 16

Los jeans
Susana, la encargada de un negocio de venta de jeans, recibe una caja con pantalones por la que abona $840. Por cada pantalón abona $105. ¿Cuántos pantalones recibió?

Situaciones relacionadas con las organizaciones rectangulares

Estas son situaciones en las cuales hay una organización espacial de filas y columnas.
Por ejemplo:

El edificio de departamentos
Luisa vive en un edificio en el cual el portero eléctrico tiene 32 botones. Si en cada piso hay 4 departamentos, ¿cuántos pisos tiene el edificio?

Los niños podrán resolverlo de las siguientes formas:

Solución 1

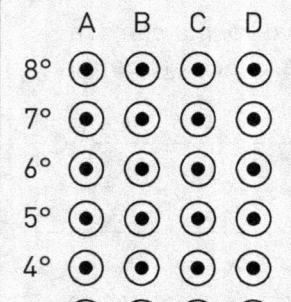

RESPUESTA:
EL EDIFICIO DE LUISA TIENE 8 PISOS.

Solución 2

5 X 4 = 20
6 X 4 = 24
7 X 4 = 28
8 X 4 = 32

RESPUESTA:
LUISA VIVE EN UN EDIFICIO DE 8 PISOS.

Solución 3

```
 32 | 4
 32   8
  0
```

RESPUESTA:
EL EDIFICIO TIENE 8 PISOS.

Como usted apreciará las resoluciones presentadas tienen diferentes niveles de construcción que van desde la concretización de la situación por medio de dibujos (*solución 1*) a la búsqueda de un número que multiplicado por otro de por resultado un tercer número (*solución 2*), al uso de la división (*solución 3*).

En estas situaciones, al igual que en las series proporcionales, los números que se usan son múltiplos razón por la cual no admiten resto diferente a cero.

Algunas situaciones para presentar a los niños son las siguientes:

Propuesta 17

El anfiteatro
El anfiteatro del pueblo donde vive Claudio tiene una capacidad máxima de 600 personas. Si posee 20 filas, ¿qué cantidad de asientos hay por fila?

Propuesta 18

La plantación de limones
Walter es el encargado de una plantación de limones. En el terreno hay 450 limoneros colocados en 30 filas. ¿Qué cantidad de limoneros tiene cada fila?

Propuesta 19

El patio de Patricia
Patricia compró 560 baldosas para cubrir el patio de su casa. Coloca 20 baldosas en cada fila. ¿Cuántas filas tiene el patio?

Propuesta 20

La cocina de Cora
Cora debe comprar para su cocina 128 baldosas. Si coloca 16 baldosas por fila, ¿qué cantidad de baldosas tendrá cada fila?

Situaciones relacionadas con el resto

En estos problemas el resto determina el resultado dado que se busca cantidad de partes. Son más complejos que otras situaciones en las cuales la respuesta está dada por el cociente. Veamos por ejemplo la siguiente situación:

Los cuatriciclos
Pablo y sus 6 amigos quieren alquilar cuatriciclos. En cada uno pueden subir hasta 2 personas. ¿Cuántos cuatriciclos deberán alquilar?

Las formas de resolver la situación pueden ser variadas, veamos algunas:

Solución 1

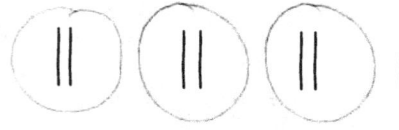 ALQUILAMOS TRES CUATRICICLOS Y UNO SE QUEDA SIN SUBIR O SE TURNA PARA SUBIR.

Solución 2

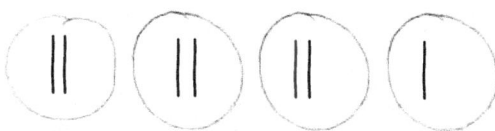

NECESITAMOS CUATRO CUATRICICLOS. PARA PODER SUBIR TODOS, EN UNO VA SÓLO UN CHICO.

Solución 3

$3 \times 2 = 6$
NO ME SIRVE PORQUE SOMOS 7, ENTONCES

$4 \times 2 = 8$
ME PASO PERO PODEMOS SUBIR TODOS, NECESITAMOS 4 CUATRICICLOS.

Solución 4

```
- 7 | 2
  6   3
  ─
  1
```

NECESITAMOS 4 CUATRICICLOS, 3 NO ALCANZAN PORQUE NO ENTRAMOS TODOS.

Como se observa, las *soluciones 1 y 2* son parecidas por usar dibujos, pero en la *solución 1* los niños no comprenden que deberán alquilar un triciclo más para que todos puedan subir, en cambio en la *solución 2* se dan cuenta de que en un cuatriciclos deberá ir sólo un niño.

En la *solución 3* utilizan la multiplicación y se dan cuenta de que al no encontrar el número buscado en la tabla se deben pasar para poder subir todos.

La *solución 4* es la de mayor nivel de construcción dado que usan la división y se dan cuenta de que 3 (cociente de la división) no puede ser la respuesta de la situación, de ahí que aumentan en uno el cociente.

También se pueden plantear situaciones como las siguientes:

Las fichas
Sebastián coloca una ficha en el número 83. Si retrocede de 9 en 9, ¿cuál es el último número en que coloca la ficha antes de llegar a 0? ¿Cuántas veces retrocede?

Es común que los niños comiencen resolviendo por medio de restas. Realizan restas sucesivas de 9 en 9 a partir de 83, arman una escala descendente y obtienen:

$$83 - 74 - 65 - 56 - 47 - 38 - 29 - 20 - 11 - 2$$

Luego cuentan las veces que restaron 9 y responden al interrogante: *Antes de llegar a 0 la ficha se coloca en el número 2 y Sebastián retrocedió 9 veces.*

Es de esperar que más adelante los niños se den cuenta de que la división les permite responder el interrogante, así

```
  83 | 9
- 81   9  ――→ VECES QUE RETROCEDIÓ
  ―――
   2      ――→ NÚMERO ANTERIOR A CERO
```

Se darán cuenta de que el cociente indica las veces que fue necesario retroceder mientras que el resto indica el número anterior a cero en el cual se colocó la ficha.

Estas situaciones permiten poner en juego el análisis del resto; así, los niños, se darán cuenta, al dominar el algoritmo de la división, de que no basta con *"hacer la cuenta"* para resolver una situación, sino que es necesario un paso más, tomar decisiones relacionadas con el resto según el contexto del problema. Reflexiones, éstas, pertinentes para alumnos del Segundo Ciclo.

A continuación presentamos situaciones para trabajar con los alumnos.

Propuesta 21

Los libros
Patricia, la bibliotecaria de la Escuela N° 5, coloca los 56 libros de ciencia ficción en cajas. Si en cada caja coloca, como máximo, 10 libros, ¿cuántas cajas utilizará? ¿Por qué?

Propuesta 22

Las fichas de Gerardo
Gerardo coloca una ficha en el número 129, si retrocede de 6 en 6. ¿Cuál es el último número en el cuál coloca la ficha antes de llegar a 0? ¿Cuántas veces retrocede?

Propuesta 23

El ascensor
En el hall de una oficina pública hay 25 personas esperando el ascensor. La capacidad máxima del ascensor es de 4 personas por viaje. ¿En qué número de viaje subirá al ascensor la persona ubicada en el lugar 25? ¿Por qué?

Propuesta 24

El tablero de números
Lulú tiene su ficha en el número 109 la perinola le indica que debe retroceder de 12 en 12. ¿Cuál es el último número en el cual colocará su ficha antes de llegar a 0? ¿Cuántas veces retrocedió?

Propuesta 25

El partido de basquetbol
Los chicos del equipo de basquetbol del Club "Sacachispas" van a jugar un partido al Polideportivo de Tigre. Ellos son 19 y contrataron taxis que llevan como máximo a 4 pasajeros. ¿Cuántos taxis fue necesario contratar? ¿Cuántos pasajeros viajan en cada taxi?

Propuesta 26

Los saltos
Vicky se coloca en el número 95 y desciende dando saltos de 4 en 4. ¿Cuál es el último número mayor que cero al que saltó? ¿Cuántas veces saltó?

Situaciones de Iteración

Este tipo de problemas permiten establecer cuántas veces un número entra dentro de otro y cuánto sobra una vez realizada la partición.

Posibilita resignificar y ampliar el concepto de dividir y es uno de los sentidos más complejos.

Analicemos la siguiente situación:

Los días
Hoy es miércoles, ¿qué día de la semana será dentro de 600 días?

Algunos alumnos podrán preguntar si el año es bisiesto o no, aspecto que no incide en la resolución por lo tanto el docente deberá decirles que, para resolver la situación, esa cuestión no debe ser tenida en cuenta.

Pueden pensar que cada 7 días volverá a ser miércoles, también cada 14, cada 21... en fin, cada múltiplo de 7, así pueden decir que si suman múltiplos de 7 hasta llegar a un número igual o menor a 600 saben que día será miércoles, por lo tanto: 560 días + 35 días = 595 días nos dice que el día 595 es miércoles.

También saben que para llegar a 600 días será necesario que pasen 5 días (600 – 595) por lo tanto están en condiciones de dar respuesta al interrogante planteado: *"dentro de 600 días será lunes"*.

Una vez que se socializan los procedimientos seguidos por los diferentes grupos el docente los debe llevar a reflexionar acerca de qué pasa si dividimos.

Al realizar:

$$\begin{array}{r|l} 600 & \,7 \\ -350 & 50 \\ \hline 250 & 30 \rbrace 85 \\ -210 & 5 \\ \hline 40 & \\ -35 & \\ \hline 5 & \end{array}$$

Se dan cuenta de que 7 está 85 veces dentro de 600 y que el resto les indica los días que transcurren después del último miércoles.

También se pueden plantear situaciones como la siguiente:

El dinero de Pedro
Pedro tiene $850 en el Banco. Cada día saca $70. ¿Para cuántos días le alcanza? ¿Cuánto le sobra?

Es muy probable que los niños comiencen realizando:
- ✓ *Restas sucesivas:* restan 850 - 70 hasta llegar a una cantidad inferior a 70, cuentan las veces que restaron 70, en este caso 12 y el número inferior a 70 es el dinero que le sobra, en este caso 10.
- ✓ *Sumas sucesivas* suman 70 hasta llegar a 850 o un número próximo, luego cuentan las veces que sumaron 70, en este caso 12 y la diferencia entre el número al cual llegaron —el número al que debían llegar— les indica el dinero que sobra, en este caso 10.

Una vez que socialicen los procedimientos realizados el docente deberá proponerles: *"¿Qué pasa si dividimos?"*

Así, los niños, al hacer la división:

```
  850 | 70
- 700 | 10 ⎫
  ‾‾‾   2 ⎬ 12
  150     ⎭
- 140
  ‾‾‾
   10
```

se dan cuenta de que el cociente indica la cantidad de días para los cuales les alcanza el dinero y el resto el dinero que le sobra.

A continuación le presentamos situaciones para trabajar con su grupo de alumnos.

Propuesta 27

Las vacaciones de Micaela
Micaela ahorra $260 para ir de vacaciones a la casa de su tía Maruja. Decide gastar $15 por día. ¿Para cuántos días le alcanza el dinero? ¿Le sobra? ¿Cuánto?

Propuesta 28

Los días de la semana
Hoy es jueves. ¿Qué día de la semana será dentro de 1000 días?

Propuesta 29

Las figuritas de Pablo
Filomena, la abuela de Pablo, le regaló $50. Pablo compra un paquete de figuritas por día. Si cada paquete cuesta $4, ¿durante cuántos días podrá comprar figuritas? ¿Le sobra dinero? ¿Si quiere comprar figuritas un día más, cuánto dinero deberá pedirle a su mamá?

Propuesta 30

El día de la primavera
Este año el día de la primavera fue un viernes. ¿Qué día será el próximo año?

Propuesta 31

Los ahorros de Lucrecia
Lucrecia tiene en su alcancía $320. Decide sacar cada día $20. ¿Para cuántos días le alcanza? ¿Cuánto le sobra?

Propuesta 32

¿Qué día será?
Marisol dice que hoy es domingo y que dentro de 568 días también será domingo. ¿Es cierto? ¿Por qué?

A continuación presentamos un cuadro que tiene una doble finalidad, por un lado permite compendiar las ideas vertidas en el capítulo y por el otro establecer una secuencia de los problemas del campo multiplicativo[2] en la Escuela Primaria.

SENTIDO	SE RELACIONA CON	1° CICLO	2° CICLO	TIPO DE NÚMEROS
SERIES PROPORCIONALES	Multiplicación División	Desde 1° año Desde 2° año	Continuar Agregar: -Reconocer el lugar de la incógnita. -Transformar el lugar de la incógnita en una misma situación.	Números múltiplos
COMBINATORIA	Multiplicación	Desde 1° año	Continuar	
ORGANIZACIONES RECTANGULARES	Multiplicación División	Desde 2° año Desde 2° año	Se agrega: -Doble proporcionalidad. Agregar: -Reconocer el lugar de la incógnita. -Transformar el lugar de la incógnita en una misma situación.	Números múltiplos
SITUACIONES DE REPARTO *Distribuciones equitativas* **SITUACIONES DE PARTICION**	División División División	Desde 1° año Desde 3° año Desde 2° año	Continuar Continuar Continuar Agregar: -Reconocer si la situación es de reparto o partición. -Transformar una situación de reparto en partición y viceversa.	Números múltiplos
SITUACIONES RELACIONADAS CON EL RESTO	División		Desde 4° ó 5° año	
SITUACIONES DE ITERACION	División		Desde 5° ó 6° año	

---

2. *Problemas del campo multiplicativo* son los que se resuelven mediante una multiplicación y/o división.

Capítulo 4
Las propiedades de la división de números naturales

El conocimiento de las propiedades de una operación permite comprender la estructura de la operación; de ahí que su estudio debe comenzarse desde el Primer Ciclo a partir de la comparación y manipulación de cantidades, de la expresión verbal y numérica y de la aplicación de lo descubierto a la resolución de diferentes problemas.

Para los niños, tan importante como el descubrimiento de las propiedades es su aplicación, dado que allí podrán apreciar las ventajas de su uso.

Propiedad fundamental de la división

La división de números naturales, a diferencia de la suma, la resta y la multiplicación, puede ser considerada como una operación con dos resultados el *cociente* y el *resto* pues, tal como discernimos en el capítulo III, en algunas ocasiones la respuesta a una situación se da desde el cociente y en otras es necesario tener en cuenta el resto.

Es así como el *dividendo* y el *divisor* junto con los dos valores mencionados son los cuatro términos que se relacionan con la división de números naturales. La comprensión de ellos y de las relaciones que los involucran permitirá, a los niños, un mayor dominio y control de sus producciones.

Para iniciar a los alumnos en la relación:

$$D = d \times c + r$$

(dividendo es igual al divisor por el cociente más el resto)

se puede partir de cálculos familiares tales como los involucrados en la situación que se presenta a continuación.

Los caramelos
Filomena, la abuela de Maxi y Seba, les regaló un paquete con 13 caramelos. ¿Si cada uno come la misma cantidad de caramelos, qué cantidad de caramelos comerá cada uno?

Los niños podrán resolver la situación:
- ✓ Pensando en un número que multiplicado por 2 de 13 o un número próximo, así llegarán a 6x2=12.
- ✓ Realizando la división:

```
 13 | 2
-12   6
  1
```

Una vez que los niños resolvieron la situación, el docente los acompaña a reflexionar en torno a la función que, en el enunciado, cumplen cada uno de los números involucrados.

Así:
- ✓ La cantidad de caramelos del paquete, *13*, es el *dividendo*.
- ✓ La cantidad de niños, *2*, es el *divisor*.
- ✓ La cantidad de caramelos que come cada niño, *6*, es el *cociente*.

✓ La cantidad de caramelos que sobran, *1,* es el *resto.*

De esta forma se dan cuenta de que, en este caso, la incógnita es *averiguar el cociente.*

A continuación se les puede presentar la siguiente situación:

Los sándwiches
Pedro, el empleado de la sandwichería, todas las mañanas arma bolsas con 4 sándwiches de jamón y queso. Para saber cuántas bolsas arma completá el siguiente cuadro:

Cantidad de sándwiches	Cantidad de bolsas	Cantidad de sándwiches que sobran
25		
36		
50		
48		
39		

A partir de la propuesta planteada, es de esperar que los niños completen el cuadro realizando divisiones por 4. Dándose cuenta de que:
  ✓ La *cantidad de bolsas* coincide con el *cociente* o resultado.
  ✓ La *cantidad de sándwiches que sobran* coincide con el *resto,* pudiendo ser cero o un número distinto siempre menor a 4. Conclusión útil para que comprendan que el *resto siempre debe ser menor que el cociente.*

Luego se puede continuar planteando:

Los sándwiches I
El lunes Pedro encontró el cuadro incompleto, ayúdalo a completar los lugares vacíos.

Cantidad de sándwiches	Cantidad de bolsas	Cantidad de sándwiches que sobran
	4	3
	2	0
51		3
	5	2
19		1

A partir de esta situación los alumnos se darán cuenta de que:
- ✓ En algunos casos deben *buscar el cociente* para lo cual deberán *dividir* (por 4).
- ✓ En otros deben buscar el *dividendo* para lo cual necesitan *multiplicar* (por 4) y *sumar el resto*.

A partir del Segundo Ciclo se puede solicitar a los alumnos:

Descubran el lugar que ocupan los números en la siguiente situación

Los caramelos
Mabel, docente de 4° grado, compró una bolsa de 85 caramelos para convidar a sus alumnos. Le dio 4 caramelos a cada uno y le sobraron 5 caramelos ¿Cuántos alumnos tiene Mabel?

Es de esperar que los niños den respuestas del tipo:
- ✓ La cantidad de caramelos de la bolsa, *85* es el *dividendo*.
- ✓ La cantidad de caramelos que le dio a cada niño, *4* es el *cociente*.
- ✓ La cantidad de caramelos que sobraron, *5* es el *resto*.
- ✓ La cantidad de alumnos es la *incógnita*, el *divisor* y que puedan plantear:

$$D = d \times c + r$$
$$85 = d \times 4 + 5$$

de esa forma buscarán un número que multiplicado por 4 y sumado a 5 de 85. Ayudados por la tabla de multiplicar o la calculadora, probarán hasta llegar a que 20 x 4 + 5 = 85.

A medida que avancen en sus saberes matemáticos se espera que realicen el siguiente cálculo:

$$85 = d \times 4 + 5$$
$$85 - 5 = d \times 4$$
$$80 : 4 = d$$
$$20 = d$$

Algunas propuestas para trabajar con niños de la Escuela Primaria son:

Propuesta 1

Completá los ● y los ▲ con números. Si hay más de una solución escribilas.

48 : ● = 2 + ▲

Propuesta 2

*Vero, al hacer 149 : 9 obtiene 16.
Escribí las teclas que deberás cliclear en la calculadora para saber cuál es el resto. Justificá tu respuesta.*

Propuesta 3

Los chupetines

Laura, la mamá de Maxi, compró una bolsa de 145 chupetines para dar 3 a cada uno de los invitados al cumple de Maxi; le sobran 10 chupetines. ¿A cuántos niños invitó Maxi a su cumple?

Propuesta 4

Las remeras

Juan debe armar paquetes de 6 remeras. Tiene una caja con 198 remeras. ¿Cuántos paquetes puede armar? ¿Quedan remeras sueltas?

Identifica en la situación al dividendo, divisor, cociente y resto.

Propuesta 5

Las proposiciones

Responder V (verdadero) o F (falso). Justifica las respuestas falsas.
- ✓ El resto de una división siempre es mayor que el divisor.
- ✓ Si el dividendo y el divisor son múltiplos el resto es cero.
- ✓ El dividendo menos el resto es igual al divisor por el cociente.

✓ Al producto del divisor por el cociente hay que restarle el resto para obtener el dividendo.
✓ El divisor es igual al dividendo menos el resto dividido el cociente.

Propiedades de la división exacta

Una *división* es *exacta* cuando el resto es igual a cero. Equivale a la igualdad:

$$D = d \times c$$

En ese caso podemos observar las siguientes propiedades:
✓ *Si el dividendo se multiplica o se divide por un número, el cociente queda multiplicado o dividido por dicho número.*

Supongamos la división:
12 : 6 = 2

Multiplicamos el dividendo por 3:
(12 x 3 = 36)   36 : 6 = 6   (2 x 3 = 6)

Dividimos el dividendo por 2:
(12 : 2 = 6)   6 : 6 = 1   (2 : 2 = 1)

✓ *Si el divisor se multiplica o se divide por un número, el cociente sufre el efecto contrario, es decir queda dividido o multiplicado por dicho número.*

Veamos el siguiente ejemplo:
40 : 8 = 5

Multiplicamos el divisor por 2:
(8 x 2 = 4)   40 : 4 = 10   (5 x 2 = 10)

Dividimos el divisor por 4:
(8 : 4 = 2)   40 : 2 = 20   (5 x 4 = 20)

✓ *Si el dividendo y el divisor se multiplican o dividen por un mismo número el cociente no varía.*

Por ejemplo:
24 : 6 = 4

Multiplicamos dividendo y divisor por 2:
(24 x 2 = 48)   (6 x 2 = 12)   **48 : 12 = 4**

Dividimos dividendo y divisor por 3:
(24 : 3 = 8)   (6 : 3 = 2)   **8 : 2 = 4**

Propiedades de la división entera

Una *división* es *entera* cuando el resto no es cero, pero siempre menor que el divisor. Equivale a la igualdad: D = d x c + r.
En ese caso podemos observar las siguientes propiedades:
✓ *Si el dividendo y el divisor se multiplican o se dividen por un número, el cociente no varía, pero el resto queda multiplicado o dividido por dicho número.*

Supongamos la división:
32 : 6 = 5 Resto 2

Dividimos dividendo y divisor por 2:
32 : 2 = 16   16 : 3 = 5 Resto 1   6 : 2 = 3

Multiplicamos dividendo y divisor por 3:
32 x 3 = 96   96 : 18 = 5 Resto 6   6 x 3 = 18

Propiedad conmutativa

La división de números naturales no es *conmutativa*, el orden del dividendo y el divisor varía el cociente.

Por ejemplo:
12 : 6 = 2   6 : 12 ≠ 2

La división y los números cero y uno

En la división de números naturales se debe tener en cuenta que:
✓ *Cuando el cero ocupa el lugar del dividendo el cociente es cero, por lo tanto cero dividido por cualquier número da cero.*

Así   0 : 4 = 0   0 : 124 = 0   0 : 1678 = 0

Es así como el *cero* en tanto *dividendo* es el *elemento absorbente* de la división de números naturales.
✓ *El cero no puede ocupar el lugar del divisor porque no existe ningún cociente que multiplicado por 0 sea igual al dividendo.*

Por ejemplo:
12 : 0 no se puede realizar porque 0 x ... no puede dar 12.

✓ *Cuando el divisor es 1 el cociente es igual al dividendo.*

Por lo tanto:
12 : 1 = 12   178 : 1 = 178   1236 : 1 = 1236

El número *uno* es el *elemento neutro* de la división de números naturales.

Propiedad distributiva

La división de números naturales cumple la propiedad distributiva sólo cuando se reemplaza al dividendo por sumas o restas.

Veamos el siguiente ejemplo:
134 : 2

Si descomponemos al dividendo en sumas tenemos:
134 = 120 + 14   120 : 2 + 14 : 2 = 60 + 7 = 67

Ahora si descomponemos al dividendo en restas obtenemos:
134 = 140 - 6   140 : 2 - 6 : 2 = 70 - 3 = 67

Descomposición multiplicativa

En la división de números naturales el cociente no varía si se lo descompone multiplicativamente.

Por ejemplo:
1.260 : 12

Si descomponemos el divisor multiplicativamente podemos hacer:

12 = 6 x 2   1.260 : 6 : 2   210 : 2   105

12 = 4 x 3   1.260 : 4 : 3   315 : 3   105

El docente deberá proponer a los alumnos problemas que les permitan reflexionar sobre las propiedades.
Algunas situaciones posibles de trabajar con niños del nivel son:

Propuesta 6

Los cálculos
Marcar los cálculos incorrectos e indicar por qué lo son:

○ 1.224 : 12   (1200 + 24) : 12   100 + 2   **102**

○ 120 : 60   120 : (30 + 30)   120 : 30 + 120 : 30   4 + 4   **8**

○ 2.328 : 12   2.328 : 2 : 6   1.164 : 6   **194**

○ 1.024 : 16   1.024 : 4 : 2 : 2   256 : 2   128 : 2   **64**

Propuesta 7

¿Será cierto?
Decir si la siguiente afirmación es correcta o no y justificar la respuesta.
*Para dividir **816 : 8** se puede hacer:*

(800 + 16) : 8   816 : 4 : 2

816 : 2 : 2 : 2   (896 - 80) : 8

Propuesta 8

¿Cuánto da?
Resolvé los siguientes cálculos e indicá la propiedad que has usado.
- 4.056 : 0 =
- 0 : 350 =
- 3.001 : 1 =
- 34 : 1 =
- 200 : 0 =

Propuesta 9

¿Cuánto da?
Resolvé de varias formas diferentes el siguiente cálculo. Indica qué propiedad usaste en cada caso.

$$3.540 : 12$$

Propuesta 10

¿Es verdadera o falsa?
Indicá si las siguientes proposiciones son verdaderas (v) o falsas (f). Justificá las falsas.
- El elemento absorbente de la división de números naturales es el número 1.
- La división de números naturales es conmutativa.
- Todo número dividido por cero da como cociente cero.
- El cero es el elemento neutro de la división de números naturales.
- El resto de la división de números naturales debe ser un número menor o igual que el divisor.
- Uno como divisor da como cociente el dividendo.

Las propuestas que se han planteado son pertinentes para niños del Segundo Ciclo y si bien presentan grados de dificultad diferente, todas, en su conjunto, tienen como finalidad que los niños reflexionen en torno a las propiedades para familiarizarse y comprenderlas.

En síntesis

Las ideas del capítulo pueden sintetizarse en el siguiente cuadro.

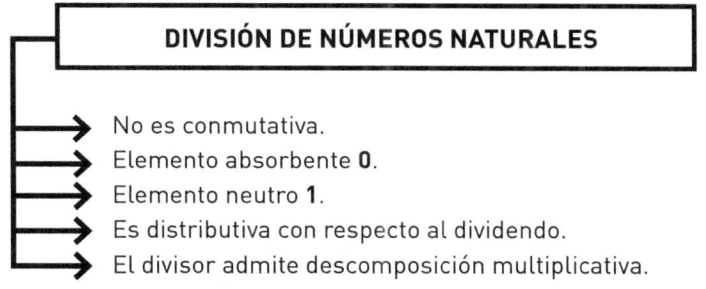

DIVISIÓN DE NÚMEROS NATURALES
- No es conmutativa.
- Elemento absorbente **0**.
- Elemento neutro **1**.
- Es distributiva con respecto al dividendo.
- El divisor admite descomposición multiplicativa.

Capítulo 5
Los cálculos de dividir

Partiremos de considerar a la división de números naturales como una operación con dos resultados el *cociente* y el *resto* pues, tal como vimos en el *capítulo III* al abordar los sentidos de la división, hay situaciones en las cuales la respuesta se da desde el cociente y otras en las cuales es necesario tener en cuenta el resto.

Es importante tener presente que los términos *"problema"* y *"cálculo"* no son opuestos, ni dicotómicos, sino dependientes dado que uno requiere del otro. Ambos son necesarios para comprender el alcance del concepto *dividir*. El docente deberá destinar tiempo tanto al trabajo intencional de los problemas como al tratamiento de los cálculos.

En este capítulo centraremos nuestra mirada en los diferentes tipos de cálculos de división que es necesario abordar en el ámbito escolar. Analizaremos los *cálculos mentales, estimativos, mecanizados* y *algorítmicos*, caracterizando cada tipo y dando ejemplos. Todos ellos son necesarios; el uso de uno no debe anular al otro dado que cada uno tiene importancia en relación con la situación y números que se presenten; deben ser los alumnos quienes seleccionen cual es el más conveniente en cada momento.

Cálculo mental

El *cálculo mental* apunta al desarrollo de estrategias personales, dado que serán los alumnos quienes buscarán, a partir de sus saberes, formas de resolución. Son cálculos no automatizados en los cuales los números se tratan en forma global.

Los alumnos podrán desarrollar estrategias de cálculos mentales si poseen saberes relacionados con las reglas del Sistema de Numeración Decimal, con las propiedades de la división y si tienen algunos productos en disponibilidad de memoria.

Dentro de este tipo de cálculos se deberán trabajar los que se detallan a continuación:

Divisiones por 10, 100 y 1000

Para trabajar este tipo de divisiones se puede partir de los resultados de multiplicar por 10, 100, 1000.
Veamos la siguiente situación:

Calcular mentalmente:
45 x .... = 4.500   .... x 1.000 = 13.000   5 x .... = 50

Una vez que los alumnos completaron los cálculos propuestos se les puede plantear que:

En parejas busquen divisiones que se puedan armar con las multiplicaciones que resolvieron.

Una vez que los alumnos presentan sus soluciones, entre todos, con la coordinación del docente, se promueve la elaboración de reglas relacionadas con el trabajo realizado; es de esperar que surjan frases del tipo: *"ahora no agrego ceros, los saco"*, *"si divido por 10 saco un cero"*, *"podés sacar uno, dos o tres ceros según sea el número por el cual estés dividiendo"*, *"el número es siempre igual sólo se sacan los ceros"*, ...

Algunas situaciones para trabajar con alumnos de la Escuela Primaria son las siguientes:

Propuesta 1

Estos números son el resultado de divisiones por 10, 100 o 1000. Escribí en cada caso las divisiones; de ser posible elaborá más de una respuesta.

8.900   890   89

Propuesta 2

Realizá los cálculos mentalmente y completá las siguientes divisiones.

76.000 : .... = 76   .... : 100 = 600
.... : 100 = 66   630 : .... = 63
5.000 : .... = 500   .... : 1000 = 7

Propuesta 3

Completá la tabla realizando los cálculos mentalmente.

Un número dividido por ...	da ...	¿Qué número es?
10	207	
100	45	
1000	89	
10	907	
100	560	
10	92	
100	170	
1000	9	

En la:
- ✓ *Propuesta 1* los niños, al armar diferentes divisiones que den por resultado los números dados, deberán darse cuenta de que agregando ceros al dividendo pueden cambiar el divisor y mantener el cociente.
- ✓ *Propuesta 2* se solicita identificar el dividendo o divisor a partir de conocer el cociente y el dividendo o el divisor, según corresponda.
- ✓ *Propuesta 3* Conociendo el cociente y el divisor deberán establecer el dividendo.

El docente debe ser quién decida en qué ciclo y —dentro de dicho ciclo— en qué año presenta propuestas de este tipo.

Es importante que se prevean espacios de intercambio para que los alumnos expresen las conclusiones a las que llegaron y socialicen las formas de resolución empleadas. Este tipo de propuestas apuntan a que los alumnos adquieran destrezas de resolución mental que luego se transformarán en el punto de partida de otras más complejas.

Divisiones de números "redondos"

Una vez que los niños hayan adquirido habilidades relacionadas con la multiplicación y división por 10, 100 y 1.000 es de esperar que las puedan usar para resolver divisiones con números redondos, siendo capaces de realizar procedimientos como los que se detallan a continuación:

- ✓ *400 : 20* implica 400 : 10 : 2 = 20 porque 20 = 10 x 2
- ✓ *1.500 : 300* implica 1.500 : 100 : 3 = 5 porque 300 = 3 x 100
- ✓ *18.000 : 9.000* implica 18.000 : 1.000 : 9 = 2 porque 9.000 = 9 x 1.000

Así las relaciones entre la multiplicación y la división, permitirán resolver cálculos difíciles a partir de otros conocidos.

Algunas situaciones posibles de ser trabajadas en el aula son:

Propuesta 4

Los cálculos
Marcá los cálculos incorrectos e indicá dónde se encuentra el error.

○ 300 : 30 = 300 : 3 : 10 = 100

○ 1.200 : 400 = 1.200 : 100 : 4 = 3

○ 9.000 : 300 = 9.000 : 100 : 3 = 90

○ 14.000 : 7.000 = 14.000 : 1.000 : 7 = 20

○ 3.600 : 600 = 3.600 : 100 : 6 = 6

○ 490.000 : 70 = 490.000 : 10 : 7 = 700

Propuesta 5

Buscamos cálculos que den lo mismo
Pintá del mismo color los cálculos que dan el mismo resultado.

6.000 : 300	700 : 10 : 7
6.000 : 100 : 3	9.000 : 300
35.000 : 7.000	18.000 : 100 : 6
2.400 : 10 : 8	25.000 : 1.000

Propuesta 6

Los intervalos
Ubicá cada producto en el intervalo que le corresponde en la recta numérica.

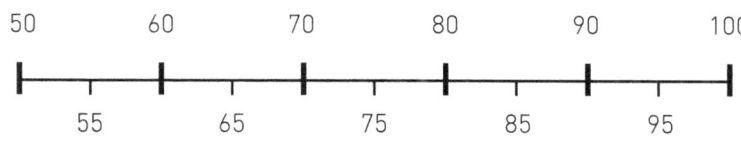

5.400 : 10 : 10   810 : 10   64.000 : 100 : 10   9.600 : 100

En este tipo de situaciones lo importante no son los resultados sino la reflexión que sobre ellos se realiza con el objetivo de que los alumnos socialicen sus procedimientos de resolución y puedan darse cuenta de que no todos se resuelven de la misma forma.

Divisiones a partir de un cálculo conocido

A medida que los alumnos crecen en sus construcciones relacionadas con las operaciones y el Sistema de Numeración Decimal es importante proponer situaciones que les permitan encontrar relaciones entre la multiplicación y la división.

Supongamos que a un grupo de alumnos les proponemos que en tríos resuelvan las siguientes situaciones:

1. *Descubran las multiplicaciones y divisiones que se pueden conocer a partir de estos cálculos:*

    3 x 40 = 120   2.400 : 30 = 80

2. *Escriban dos cálculos que permitan resolver:*

    880 : 4

3. *Resuelvan los siguientes cálculos y busquen expresiones multiplicativas que representen al cociente:*

    30 : 5   70 : 5   120 : 5   340 : 5

4. *Resuelvan mentalmente los siguientes cálculos y expliquen como los realizaron:*

    600 : 50   1.200 : 50   3.000 : 500   12.000 : 500

Es de esperar que los alumnos, en el momento de socialización de los resultados, puedan llegar, con el acompañamiento del docente, a las siguientes conceptualizaciones:

1.

✓ A partir de **3 x 40 = 120** se pueden hallar:
120 : 3 = 4 y 120 : 40 = 3.

✓ A partir de **2.400 : 30 = 80** se pueden conocer:
2.400 : 80 = 30 y 80 x 30 = 2.400.

Luego, es de esperar que los alumnos logren generalizaciones del siguiente tipo:

✓ Si al resultado o producto de una expresión multiplicativa se lo divide por uno de los factores se obtiene como cociente el otro factor. Por lo tanto de un producto se conoce el valor de dos divisiones.

✓ Ante una división exacta conocida se puede decir que:
→ Si al dividendo se lo divide por el cociente se obtiene por resultado el divisor.
→ El producto del cociente por el divisor da por resultado el dividendo.

2.

880 : 4 puede calcularse como:

✓ 800 : 4 + 80 : 4   porque (880 = 800 + 80).
✓ 88 : 4 x 10   porque (880 = 88 x 10).
✓ 880 : 2 : 2   porque (4 = 2 x 2).

Así los alumnos comprenderán que es posible:

✓ Descomponer el dividendo en múltiplos del divisor.
✓ Reemplazar el divisor por divisiones sucesivas de números que multiplicados den el divisor.

3.

30 : 5 = 6   3 x 2 = 6   6 x 1 = 6   (30 : 5 = 3 x 2).
70 : 5 = 14   7 x 2 = 14   14 x 1 = 14   (70 : 5 = 7 x 2).
120 : 5 = 24   12 x 2 = 24   24 x 1 = 24   8 x 3 = 24   6 x 4 = 24.
340 : 5 = 68   34 x 2 = 68   17 x 4 = 68   68 x 1 = 68.

Los alumnos podrán comprender que:

✓ El cociente de una división puede ser reemplazado por factores que den ese cociente como producto o resultado.

4.
- **600 : 50**
  Quitando un cero del dividendo y del divisor, se obtiene:
  - 60 : 5 = 12
  - 50 : 5 + 10 : 5 = 10 + 2 = 12
- **1.200 : 50**
  Si se quita un cero del dividendo y del divisor, entonces:
  - 120 : 5 = 24
  - 100 : 5 + 20 : 5 = 20 + 4 = 24
- **3.000 : 500**
  Se quitan dos ceros del dividendo y del divisor, así 30 : 5 = 6
- **12.000 : 500**
  Se quitan dos ceros del dividendo y del divisor y queda 120 : 5 = 24 como en el otro cálculo.

El docente deberá acompañar a los alumnos en la siguiente reflexión:
- Cuando dividendo y divisor terminan en cero primero se divide por la unidad seguida de ceros y luego por 5.

Situaciones que permiten trabajar los conceptos explicitados son las siguientes:

Propuesta 7

Resuelvan mentalmente las divisiones e indiquen los cálculos que utilizaron:

4500 : 500   1550 : 50   6500 : 500   2.500 : 500   12.000 : 500

Propuesta 8

Completá los ▬ con números de forma tal que se mantenga la igualdad.

▬ : 50	=	▬ : 100 x 2
4.000 : 500	=	4.000 : ▬ x ▬
▬ : ▬	=	▬ : 10 x 2
1.800 : 20	=	▬ : 20 + ▬ : 20
990 : 90	=	990 : ▬ : ▬

Propuesta 9

Resuelvan los cálculos y pinten de igual color el cociente y las expresiones multiplicativas que lo representan:

400 : 50 =   450 : 50 =   650 : 50 =   750 : 50 =
4 x 2   6 x 2   3 x 3   5 x 3   13 x 1   5 x 4   2 x 2 x 2   9 x 1   2 x 7

Propuesta 10

Escriban las multiplicaciones y divisiones que se pueden conocer a partir de estos cálculos:

7 x 50 = 350   840 : 20 = 42   12 x 20 = 240   900 : 20 = 45

Cálculo estimativo

El *cálculo estimativo* permite anticipar el intervalo numérico de un cálculo, se lo utiliza cuando no se requiere una respuesta exacta.

En el caso de la división de números naturales los alumnos deberán poseer, entre otros, saberes relacionados con:
- ✓ Los cálculos de multiplicar y dividir por 10, 100 y 1.000.
- ✓ La relación D = d x c + r.
- ✓ La propiedad distributiva de la división con respecto de la suma o de la resta.

Supongamos que se solicita a un grupo de alumnos que en tríos resuelvan esta propuesta.

Resuelvan los siguientes cálculos dentro del campo de los números naturales y expliquen cómo lo pensaron:
a) Sabiendo que 24x10=240, decir si el cociente de 260:24 dará un número mayor, menor o igual a 10.
b) Sabiendo que 36x100=3.600, decir si el cociente de 3.500:36 estará entre 10 y 100, ó entre 100 y 1.000.
c) El cociente de 436:25 está cerca de 20, de 10 ó de 30.
d) El cociente de 520:50 tendrá 1, 2 ó 3 dígitos.
e) Descompongan uno de los números para resolver 180:15.

Es de esperar que en el momento de la puesta en común los alumnos presenten soluciones como las siguientes:

a) **260 : 24**
   260 = 240 + 20
   240 : 24 = 10
   20 : 24 = 0,......
   Por lo tanto *el cociente de 260 : 24 será igual a 10.*

b) **3.500 : 36**
   Sabemos que 3600 : 36 = 100 y que 3500 es menor que 3600.
   Entonces *el cociente de 3.500 : 36 estará entre 10 y 100.*

c) **436 : 25**
   Calculamos 25 x 10 = 250, 25 x 20 = 500 y 25 x 30 = 750
   Concluimos en que *el cociente entre 436 : 25 está cerca de 10.*

d) **520 : 50**
Primero dividimos por la unidad seguida de ceros y nos queda 52.
Luego hacemos 52 : 5 = 2 dígitos
Por lo tanto *el cociente de 520 : 50 tiene 2 dígitos.*

e) **180 : 15**
En este caso sólo se puede descomponer el dividendo ya que la propiedad distributiva se cumple únicamente cuando se descompone el dividendo en sumas o restas.
Por lo tanto se puede hacer:
180 = 150 + 30   150 : 15 + 30 : 15   10 + 2 = 12
180 = 195 - 15   195 : 15 - 15:15   13 - 1 = 12

Reflexionando en torno a las situaciones descriptas, los alumnos ponen en movimiento los conocimientos ya construidos siendo capaces de utilizarlos, también, al anticipar; es decir, al estimar cocientes.

Algunas situaciones posibles de ser trabajadas con niños del Nivel Primario son:

Propuesta 11

Sabiendo que:
46 x 10 = 460   46 x 100 = 4.600
46 x 1.000 = 46.000   46 x 10.000 = 460.000

Decir si:
- ✓ *500 : 46 da por cociente un número menor, igual o mayor que 10.*
- ✓ *4.400 : 46 da por cociente un número menor, igual o mayor que 100.*
- ✓ *52.300 : 46 da por cociente un número menor, igual o mayor que 1.000.*
- ✓ *720.000 : 46 da por cociente un número menor, igual o mayor que 10.000.*

Propuesta 12

Redondeá el cociente más cercano a cada una de las siguientes divisiones:

536 : 35 está cerca de 10, 30, 50
6.000 : 45 está cerca de 100, 200, 300
738 : 95 está cerca de 10, 15, 5

Propuesta 13

Marcá la columna en la cual está el cociente más cercano de cada una de las siguientes divisiones.

	Entre 0 y 10	Entre 10 y 100	Entre 100 y 1.000	Entre 1.000 y 10.000
347 : 18				
9.428 : 8				
3.568 : 4				
931 : 133				

Propuesta 14

Completen el cuadro escribiendo, en cada caso, una manera de descomponer uno de los números.

	Descomposiciones	Cociente	Resto
784 : 7			
1.224 : 12			
3.672 : 18			
372 : 6			

Propuesta 15

Martín resolvió los siguientes cálculos de la forma en que te presentamos:

660 : 12   **444 : 12**
600 : 12 + 60 : 12   444 : 6 : 2
660 : 10 + 660 : 2   444 : 3 : 4

¿Lo realizado por Martín es o no es correcto? ¿Por qué?

Cálculo mecanizado

Los *cálculos mecanizados* son los que se realizan por medios que proporcionan los resultados directa e inmediatamente, sin necesidad de pasos intermedios que requieran memorización o anotación. Son los que se realizan por medio de las *calculadoras* y pueden ser usados tanto para *calcular y verificar* cálculos como para *resolver problemas*.

Se los utiliza:
- ✓ Para *calcular* cuando se presenta una situación en la cual el obstáculo cognitivo está en la comprensión del enunciado; es decir, en las relaciones entre los datos y en decidir qué operación realizar. Dicha operación es la que se efectúa con la calculadora para otorgar rapidez a la resolución.
- ✓ Para *verificar* los cálculos que se realizan por otros medio sean estos mentales, estimativos o algorítmicos.
- ✓ Para *resolver problemas* cuando la resolución se realiza por medio de la calculadora pero lo que se solicita va más allá de los números que aparecen en la pantalla.

Es importante tener presente la siguiente frase de Cockcroft[1]
"...la disponibilidad de la calculadora no reduce de ninguna manera la necesidad de comprensión matemática por parte de la persona que la está utilizando".

Algunas situaciones para trabajar con alumnos de la Escuela Primaria son:

Propuesta 16

Pintá de un color los cálculos que se resuelven rápidamente en forma mental y con otro color aquellos para los cuales la calculadora es una forma rápida de resolución. Justificá tu respuesta.

49.000 : 49   45.890 : 14   44.000 : 1.000

1.200 : 120   5.960 : 35   24.000 : 24

1.240 : 20   99.090 : 30   16.480 : 40

Propuesta 17

Lucas lee 3000 en la calculadora, presioná ":", luego ingresá un número "......", finalmente "=" y aparece 100. ¿Qué número ingresó Lucas? ¿Por qué?

---

1. Cockroft Report (1982) En Comittee Of Inquiry Into The Teaching Of Mathematics In Schools *"Mathematics Counts"* Londres HMSO.

Propuesta 18

Ingresá 45 en la calculadora, realizá una multiplicación o una división que te permita pasar al número 450 y así sucesivamente. Anotá en los casilleros en blanco la operación realizada.

45		450		900		90		1

Propuesta 19

Anticipá los números que irán apareciendo en el visor de la calculadora si se presionan las siguientes teclas 138.000:10:10:10.
Verifica el número con la calculadora.

Propuesta 20

¿Cuál será, en cada caso, el número que aparecerá en el visor de la calculadora? Escribí el número y luego verificá con la calculadora.
84 x 10 x 10 : 10 : 10 =
1900 : 10 x 10 : 10 =
176 x 10 x 10 : 100 =

Propuesta 21

Anotá un número en la calculadora tal que al dividirlo por 10 dé justo. ¿Qué características debe tener el número elegido? Si lo hubiéramos dividido por 10 dos veces consecutivas, ¿qué características debería tener el número?

La finalidad de la *propuesta 16* es que los niños reflexionen acerca del uso de la calculadora dándose cuenta de que no siempre implica rapidez, sino que la misma está determinada por el tipo de cálculo.

Las otras situaciones se vinculan con la división por 10, 100 y 1000, pero se diferencian de dicha operación dado que las *propuestas 19 y 20* orientan el análisis a la comprensión de cuales son los efectos de aplicar sucesivas multiplicaciones y divisiones por 10 a un mismo número con el objetivo de que, los alumnos, sean capaces de darse cuenta de que si a un mismo número se lo multiplica por 10 y luego se lo divide por 10 se obtiene el número original dado que ambas operaciones se compensan entre sí.

La *propuesta 21* encierra una complejidad diferente dado que se solicita anticipar las características que debe tener un número para cumplir las condiciones que la situación plantea. Mientras que en la *propuesta 17* los niños deben anticipar el divisor de un cálculo conociendo el dividendo y el cociente.

La *propuesta 18* permite que los niños comprendan cuando es conveniente multiplicar o dividir para obtener un número determinado y que no debe ser necesariamente por 10, 100 ó 1000.

Cálculo algorítmico

Los *cálculos algorítmicos* consisten en una serie de reglas aplicables en un orden determinado, siempre del mismo modo. Si bien este tipo de cálculo es diferente del cálculo mental no podemos decir que son antagónicos dado que uno y otro se complementan.

Supongamos que una docente de 3º año les plantea a sus alumnos que, en parejas, resuelvan *648 : 8*, al finalizar la actividad presentan las soluciones que se muestran a continuación:

Solución 1

    648 : 8
    640 + 8
    640 : 8 = 80
      8 : 8 = 1
    80 + 1 = 81
    648 : 8 = 81 Resto 0

Solución 2

648 : 8
(600 + 40 + 8) : 4 : 2
400 + 200 + 40 + 8
400 : 4 = 100 ⎤
200 : 4 = 50   ⎥ 100 + 50 + 10 + 2 = 162
 40 : 4 = 10   ⎥
  8 : 4 = 2   ⎦
162 : 2 = (160 + 2) : 2
160 : 2 = 80 ⎤ 80 + 1 = 81
  2 : 2 = 1   ⎦
648 : 8 = 81 Resto 0

Solución 3

    648 : 8
  (720 − 72) : 8
(480 + 240) − (40 + 32)
    480 : 8 = 60 ⎤ 60 + 30 = 90
    240 : 8 = 30 ⎦
     40 : 8 = 5 ⎤ 5 + 4 = 9
     32 : 8 = 4 ⎦
    90 − 9 = 81
    648 : 8 = 81 Resto 0

Solución 4

648 : 8
(400 + 200 + 40 + 8) : 2 : 2 : 2
400 : 2 = 200 ⎤
200 : 2 = 100 ⎥ 200 + 100 + 20 + 4 = 324
 40 : 2 = 20 ⎥
  8 : 2 = 4   ⎦
324 : 2 = (300 + 24) : 2
300 : 2 = 150 ⎤ 150 + 12 = 162
 24 : 2 = 12 ⎦
162 : 2 = (160 + 2) : 2
160 : 2 = 80 ⎤ 80 + 1 = 81
  2 : 2 = 1   ⎦
648 : 8 = 81 Resto 0

Las soluciones presentadas por los alumnos ponen en evidencia sus conocimientos relacionados con la descomposición de números. En todos los casos descomponen el dividendo usando sumas y restas y dejando el divisor tal cual está *(soluciones 1 y 3)* mientras que en las *soluciones 2 y 4* reemplazan al divisor por cálculos conocidos, así en lugar de dividir por 8 lo hacen por 4 y 2 dado que 4 x 2 = 8 *(solución 2)* o por 2, 2 y 2, porque 2 x 2 x 2 = 8. Usando cálculos mentales.

Por lo tanto *antes de introducir el cálculo algorítmico los alumnos deben poseer saberes relacionados con cálculos mentales, descomposiciones de números naturales, poseer cierto dominio de la tabla de multiplicar y la división por 10, 100 y 1000.*

Si bien las soluciones presentadas permiten al docente conocer el nivel de construcción alcanzado por los alumnos en la búsqueda de procedimientos personales, el docente debe tener presente que el cálculo algorítmico también debe ser enseñado en la escuela.

El cálculo anterior se puede resolver como:

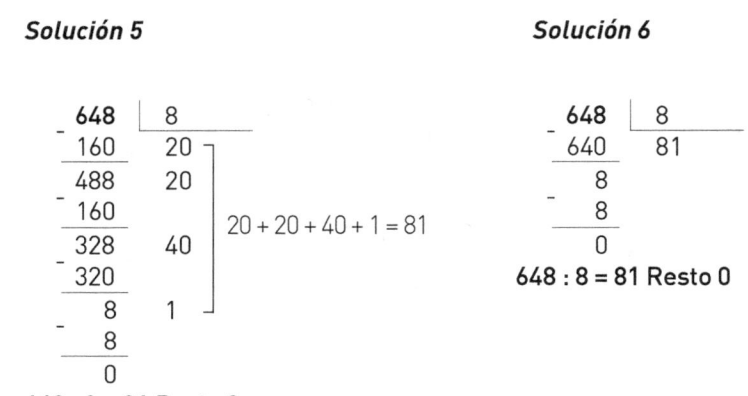

Solución 7

```
 648 | 8
 008   81
 000
```
648 : 8 = 81 Resto 0

Analizando las soluciones presentadas podemos decir que:
- ✓ *Solución 5* se busca un número que multiplicado por el divisor resulte un número menor o igual que el dividendo, hasta llegar a un resto menor que el divisor. Las restas forman parte de la resolución. Cada alumno busca los números que le son conocidos, de ahí que los cálculos pueden ser cortos o largos.
- ✓ *Solución 6* se parte de multiplicar por 10, 100 o 1.000 para conocer la cantidad de cifras del cociente; en este caso 8x10 = 80 y 8x100 = 800, por lo tanto el cociente tendrá dos dígitos y estará más cerca de 100 que de 10. Luego se piensa un número que multiplicado por el divisor se acerque al dividendo, como ocupará el lugar de las decenas la operación es 80x8 = 640, realizan la resta y buscan el número que ocupa el lugar de las unidades.
- ✓ *Solución 7* aquí se parte de las mismas multiplicaciones que en la *solución 6*, la diferencia entre una y otra radica en que en ésta las restas se hacen mentalmente, no forman parte del procedimiento.

Como ustedes podrán apreciar los tres algoritmos parten de las mismas reglas, lo importante no es cuál usar, sino poder comprender lo que se está haciendo, a su vez el uso de uno u otro dependerá de los números con los cuales se trabaje.

Reflexiones similares se pueden realizar en el cálculo *6.540 : 24*.

Solución 1

6.540 : 24
6.000 + 500 + 40
4.800 + 1.200 + 480 + 20 + 40
4.800 + 1.200 + 480 + 48 + 12 (se buscan múltiplos de 24)
4.800 : 24 = 200
1.200 : 24 = 50
480 : 24 = 20   ] 200 + 50 + 20 + 2 = 272
48 : 24 = 2
12 : 24 = no se puede hacer
6.540 : 24 = 272 Resto 12

Solución 2

6.540 : 24
6.540 : 12 : 2 (porque 24 = 12 x 2)
4.800 + 1.200 + 480 + 48 + 12 (se buscan múltiplos de 12)
4.800 : 12 = 400
1.200 : 12 = 100
480 : 12 = 40   ] 400 + 100 + 40 + 4 + 1 = 545
48 : 12 = 4
12 : 12 = 1
545 : 2
500 + 40 + 4 + 1 (se buscan múltiplos de 2)
500 : 2 = 250
40 : 2 = 20   ] 250 + 20 + 2 = 272
4 : 2 = 2
1 : 2 = (no se puede realizar)
6.540 : 24 = 272 Resto 12

Solución 3

```
 6.540 | 24
-2.400   100  (100 x 24)
 4.140
-2.400   100  (100 x 24)
 1.740
-  240    10  (10 x 24)
 1.500
-  480    20  (20 x 24)
 1.020
-  480    20  (20 x 24)
   540
-  480    20  (20 x 24)
    60
-   48     2  (2 x 24)
    12
```

100 + 100 + 10 + 20 + 20 + 20 + 2 = 272

6.540 : 24 = 272 Resto 12

Los alumnos tomando como saberes previos las construcciones adquiridas en torno a la división por un dígito deben ser capaces de resolver divisiones con dos, tres, ..., dígitos en el divisor.

Todas las formas de cálculo presentadas son importantes y necesarias, deben coexistir, dado que el uso de una u otra dependerá de la situación y de los números, debe ser el alumno quién decida el cálculo que es el más conveniente en cada caso.

En síntesis

Los tipos de cálculos analizados en este capítulo se pueden sintetizar a partir del siguiente cuadro.

LOS CÁLCULOS DE DIVIDIR

→ Cálculo mental
→ Cálculo estimativo
→ Cálculo mecanizado
→ Cálculo algorítmico

Bibliografía

Broitman, C. (1999) *Las operaciones en el Primer Ciclo. Aportes para el trabajo en el aula*. Ediciones Novedades Educativas.
——— (2008) *Cálculo mental con números naturales. 3° ciclo de la Escuela Primaria*. Gobierno de la Ciudad de Buenos Aires. Ministerio de Educación. Dirección de Planeamiento. Dirección de Currícula.

Castro, E., Rico, L. y Castro E. (1995) *Estructuras aritméticas elementales y su modelización*. Grupo Editor Iberoamérica. México.

ERMEL (Equipo de Didáctica de la matemática) (1990) *Aprendizajes numéricos y resolución de problemas*. Instituto de Investigación Pedagógica. París. Athier.

Gobierno de la Ciudad de Buenos Aires, Secretaría de Educación, Subsecretaría de Educación. Dirección General de Planeamiento. Dirección de Currículum (1997) "Matemática. Documento de trabajo N° 4". Gobierno de la Ciudad Autónoma de Buenos Aires.

Gobierno de la Ciudad de Buenos Aires, Secretaría de Educación, Subsecretaría de Educación. Dirección General de Planeamiento. Dirección de Currículum (2004) "Diseño Curricular Para la Educación Primaria". Gobierno de la ciudad Autónoma de Buenos Aires.

Gobierno de la Ciudad de Buenos Aires, Secretaría de Educación, Subsecretaría de Educación. Dirección General de Planeamiento. Dirección de Currículum (2006) *Matemática. Cálculo mental con números naturales. Apuntes para la enseñanza.* Gobierno de la Ciudad Autónoma de Buenos Aires.

Gobierno de la Provincia de Buenos Aires, Dirección General de Cultura y Educación (2008) *Diseño Curricular para la Educación Primaria*, La Plata.

González, A. (2014) *Sumar y multiplicar: ¿Diferentes o iguales? La multiplicación de números naturales en la Escuela Primaria.* Homo Sapiens, Rosario.

Guibourg, F. y Lanza, P. (2010) "Cálculo mental en Primer Ciclo. Multiplicación y división en 3° grado". Revista *A Construir* N° 4. Ediciones MV.

Maza Gómez, C. (1991) *Enseñanza de la multiplicación y división.* Editorial Síntesis. Madrid.

Ministerio de Educación Ciencia y Tecnología (2006) "Núcleos de Aprendizajes Prioritarios" (NAP). Presidencia de la Nación.

Parra, C, y Saiz, I (2007) *Enseñar aritmética a los más chicos. De la exploración al dominio.* Homo Sapiens, Rosario.

Vernaud, G. (1981) *El niño/a, las matemáticas y la realidad. Problemas de las matemáticas en la escuela.* México. Trillas.

Vilches, S. (2008) "Sentidos de la división". Revista *A Construir* N° 5. MV Ediciones. Buenos Aires.

Xavier de Mello, A. (2003) "Nuevas miradas a viejas prácticas. Enseñar las tablas de multiplicar". Revista *Quehacer Educativo* N° 59. FUM. Montevideo.

www.ingramcontent.com/pod-product-compliance
Lightning Source LLC
Chambersburg PA
CBHW080609220526
45466CB00010B/3293